工业机器人技术专业系列规划教材

GONGYE JIQIREN
BIANCHENG
YU CAOZUO

工业机器人编程与操作

主　编　雷旭昌　　王定勇
副主编　王　旭

重庆大学出版社

内容提要

本书基于工业机器人基础工作站,以 ABB 工业机器人为代表,通过项目教学模式,对机器人参数的配置,建立 I/O 数字量输入、输出,工具坐标设定,RAPID 程序及指令,程序编写,应用实例等工作任务进行了详细的讲解。通过本书的学习,可使学生具备操作工业机器人的基本能力,从而更好地适应机器人应用相关岗位的工作。

图书在版编目(C I P)数据

工业机器人编程与操作/雷旭昌,王定勇主编. --
重庆:重庆大学出版社,2018.8
ISBN 978-7-5689-1215-0

Ⅰ.①工… Ⅱ.①雷… ②王… Ⅲ.①工业机器人—
程序设计 ②工业机器人—操作 Ⅳ.①TP242.2

中国版本图书馆 CIP 数据核字(2018)第 148255 号

工业机器人编程与操作

主 编 雷旭昌 王定勇
副主编 王 旭

策划编辑:周 立

责任编辑:陈 力 版式设计:周 立
责任校对:夏 宇 责任印制:张 策

*

重庆大学出版社出版发行
出版人:易树平
社址:重庆市沙坪坝区大学城西路 21 号
邮编:401331
电话:(023) 88617190 88617185(中小学)
传真:(023) 88617186 88617166
网址:http://www.cqup.com.cn
邮箱:fxk@ cqup.com.cn(营销中心)
全国新华书店经销
重庆升光电力印务有限公司印刷

*

开本:787mm×1092mm 1/16 印张:10.25 字数:245 千
2018 年 8 月第 1 版 2018 年 8 月第 1 次印刷
印数:1—2 000
ISBN 978-7-5689-1215-0 定价:48.00 元

前　言

在科学技术日新月异的今天,制造技术正在发生根本性的变化。以"中国制造 2025"和"德国工业 4.0"为代表的智能制造战略强劲地推动着全球制造技术的进步和革新,智能制造成为发展与进步的目标高地。工业机器人技术作为智能制造的关键性基础技术得到了空前的发展和广泛的应用,"机器人换人"的速度正在成几何级数增长,在有效降低制造过程对劳动力依赖程度和成本的同时大幅提高了产品的质量和稳定性。近年来,我国已成为全球工业机器人保有量增长最快的国家和最大的消费市场,与之对应,机器人操作和维护岗位人员缺口巨大,为机器人专业的开设和培训提供了强大的社会驱动力,本教材的编写开发正为此而来。

本书以 ABB 工业机器人为研究对象,以深圳市华兴鼎盛科技有限公司设计生产的工业机器人多功能工作站为训练平台,以工业机器人岗位典型任务为载体,以"理实一体化"为基本特征,全面系统地介绍了 ABB 机器人的操作技能、编程指令与技能、I/O 通信与扩展等基本内容,并以案例的形式重点介绍了机器人轨迹规划、搬运、码垛、视觉分拣等应用性内容。教材充分考虑了不同读者的需要,对内容和结构进行了优化处理,并在学校和企业进行了大量的实践性试验,取得了良好的效果和丰富的经验,为本书的科学编写和出版发行提供了实践依据。本书可作为职业院校学生学习的专业教材,也可作为机电类专业人员自学或参考用书。

本书共分为 3 个项目,项目一由深圳市华兴鼎盛科技有限公司雷旭昌工程师完成;项目二由湖南工贸技师学院王定勇老师完成;项目三由天津职业技术师范大学附属高级技校王旭老师完成,全书由王定勇老师统稿。编写工作从 2016 年 8 月开始,至 2018 年 4 月完稿,历时近两年。在本书编写过程中得到了相关领导和同行的关心和指导,在此我谨代表编委会对关心和支持本书编写工作的领导和同行表示最衷心的感谢!

由于编者水平所限,若有不妥之处敬请同行专家提出宝贵建议并批评指正。

编　者

2018 年 4 月

目　录

项目一

配置机器人参数

任务一 机器人系统配置

一、任务描述

定期对 ABB 机器人的数据进行备份,是保证 ABB 机器人正常工作的良好习惯。ABB 机器人数据备份的对象是所有正在系统内存运行的 RAPID 程序和系统参数。当机器人系统出现错乱或者重新安装新系统以后,可以通过备份快速地把机器人恢复到备份时的状态。因此,对 ABB 机器人进行以下操作:

- ➢ 正确使用示教器;
- ➢ 对机器人的数据进行备份和恢复操作,备份路经为 USB:/###/;
- ➢ 创建机器人系统;
- ➢ 下载机器人系统到控制器。

二、任务目标

知识目标:1. 正确使用示教器;
        2. 备份及恢复机器人数据;
        3. 新建及下载机器人系统。
技能目标:1. 掌握 ABB 机器人示教器的使用;
        2. 熟练掌握机器人数据的备份与恢复操作;
        3. 熟练掌握创建及下载机器人系统。

三、知识储备

(一)认识工业机器人

工业机器人是综合应用计算机、自动控制、自动检测及精密机械装置等高新技术的产物,是技术密集度及自动化程度很高的典型机电一体化加工设备。使用工业机器人的优越性是显而易见的,不仅精度高,产品质量稳定,而且自动化程度极高,可大大减轻工人的劳动强度,从而提高生产效率。特别值得一提的是,工业机器人可完成一般人工操作难以完成的精密工作,如激光切割、精密装配等,因而工业机器人在自动化生产中的地位越来越重要。

根据 ISO 的定义,工业机器人是面向工业领域的多关节机械手或多自由度的机器人。工业机器人是自动执行工作的机器装置,是靠自身动力和控制能力来实现各种功能的一种机器。工业机器人可以接受人类指挥,也可以按照预先编排的程序运行,现代的工业机器人还可以根据人工智能技术制定的原则纲领行动。

工业机器人的典型应用包括搬运、焊接、刷漆、组装、采集和放置(例如包装、码垛和 SMT)、产品检测和测试等。所有工作的完成都具有高效性、持久性、速度性和准确性。

(二)工业机器人的分类

按操作机坐标形式进行分类。操作机的坐标形式是指操作机的手臂在运动时所取的参考坐标系的形式。依据坐标形式的不同,工业机器人可分为直角坐标型、圆柱坐标型、球坐标型、垂直关节坐标型、平面关节坐标型。

(1)直角坐标型工业机器人

直角坐标型工业机器人手部空间位置的改变通过沿 3 个相互垂直的轴线移动来实现,其工作空间为长方体。该类机器人位置控制精度高,控制无耦合、结构简单,但是所占空间体积较大、动作范围小、灵活性差,唯以与其他工业机器人协调工作。

(2)圆柱坐标型工业机器人

圆柱坐标型工业机器人手部空间位置的改变是通过一个转动和两个移动组成的运动系统来实现的,与直角坐标型工业机器人相比,在相同的工作空间条件下,集体所占体积小,而运动范围大,其位置精度仅次于直角坐标型,难与其他工业机器人协调工作。

(3)球坐标型工业机器人

球坐标型工业机器人的手臂运动由两个转动和一个直线移动组成,其工作空间为一球体。它可以做上下俯仰动作并能抓取地面上或较低位置的工件,具有结构紧凑、工作空间范围大的特点,能与其他工业机器人协调工作。其位置精度尚可,位置误差与臂长成正比。

(4)垂直关节坐标型工业机器人

垂直关节坐标型工业机器人主要由立柱和大小臂组成,立柱与大臂间形成肩关节,大臂与小臂间形成肘关节。其结构紧凑、灵活性大、占地面积小、工作空间大,能与其他工业机器人协调工作,但其位置精度较低,有平衡与控制耦合等问题。该类工业机器人应用非常广泛。

(5)平面关节坐标型工业机器人

平面关节坐标型机器人又称为 SCARA 型工业机器人,其有 3 个转动关节,轴线相互平行,可在平面内进行定位和定向。另外还有一个移动关节,可用于完成手爪在垂直于平面方向上的运动。该类机器人在垂直平面内具有很好的刚度,在水平面内具有较好的柔顺性,且动作灵活、速度快、定位精度高。

(三)工业机器人的组成

ABB 机器人主要由机器人本体、控制器、示教器以及各部件之间的连接线组成。

ABB 常用机器人有 IRB120、IRB140、IRB1410、IRB360 等。

（1）IRB120

IRB120（图1-1）是ABB新型第四代机器人家族的最新成员，也是迄今ABB制造的最小的机器人。其紧凑轻量，质量仅25 kg，易于集成，空气管线与用户信号线缆从底脚至手腕全部嵌入机身内部；优化工作范围，除工作范围达到580 mm以外，IRB120还具有一流的工作行程，底座下方拾取距离为112 mm。广泛适用于电子、食品、饮料、制药、医疗、研究等领域，主要应用与物料搬运、装配等。

（2）IRB140

IRB140（图1-2）是一款6轴多用途工业机器人，易与各类工艺应用相集成与融合。其设计紧凑、牢靠，采用集成式线缆包，进一步提高了整体柔性，可选配碰撞检测功能（实现全路径回退），以使可靠性和安全性更有保障。主要应用于弧焊、装配、清理/喷雾、上下料、包装、去毛刺等。

图1-1　IRB120　　　　　　　　图1-2　IRB140

（3）IRB1410

IRB1410（图1-3）在弧焊、物料搬运和过程应用领域久经考验，其可靠性好，紧固且耐用；稳定、可靠、适用范围广，具有卓越的控制水平，精度可达0.05 mm，确保了其出色的工作质量；专为弧焊而设计，设有送丝机走线安装孔，其可为机械臂搭载工艺设备提供便利。

 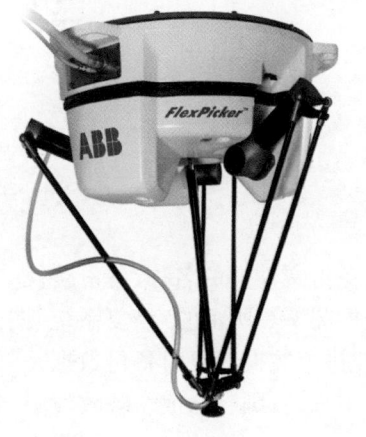

图1-3　IRB1410　　　　　　　　图1-4　IRB360

（4）IRB360

IRB360（图1-4）是实现高精度拾放料作业的第二代机器人解决方案，具有操作速度快、有效载荷大、占地面积小等特点。对开放式食品工业，IRB360另外提供洁净室版和不锈钢可冲洗版以供选择。

四、任务实施

（一）数据的备份与恢复

操作步骤：

①单击"ABB"图标，选择"备份与恢复"，如图1-5所示。

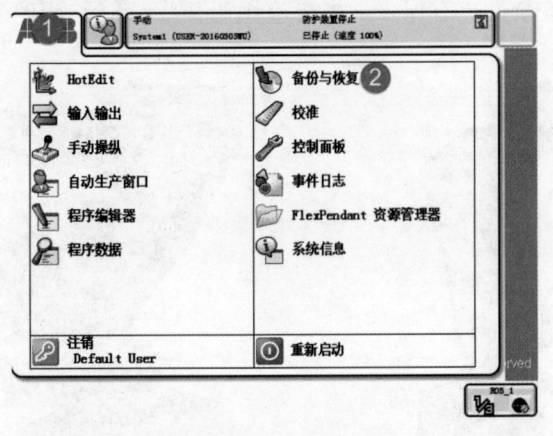

图1-5　示教器菜单界面

②单击"备份当前系统"，如图1-6所示。

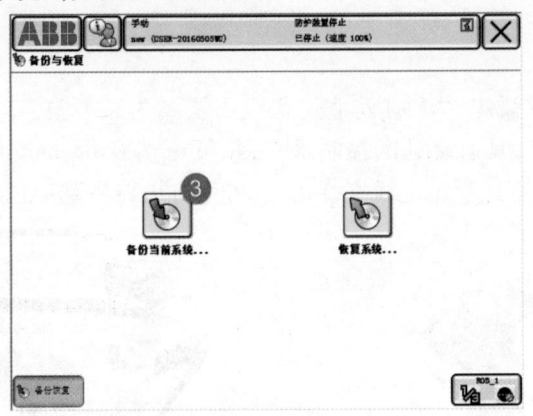

图1-6　备份与恢复界面

③修改备份文件夹的名称、备份路径，单击"备份"，如图1-7所示。

④单击如图1-6所示的"恢复系统"图标进行数据的恢复。

注意：在进行数据恢复时备份数据是具有唯一性的，不能将一台机器人的备份恢复到另一台机器人中去，否则会造成系统故障。

（二）创建新系统

当系统出现故障或者需要在系统中增加新的硬件配置时，需要更新或者创建新的系统。

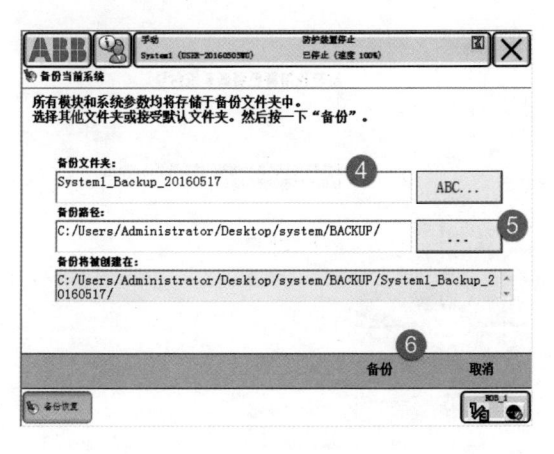

图 1-7　修改文件名称和路径界面

（如旧系统使用的是 D651 8 进 8 出的 I/O 板，现在换成了 D652 16 进 16 出的 I/O 板，这时就需要"重装系统"）

操作步骤：

①在 RobotStudio 中选择控制器菜单，如图 1-8 所示。

②选择"机器人系统生成器"，如图 1-8 所示。

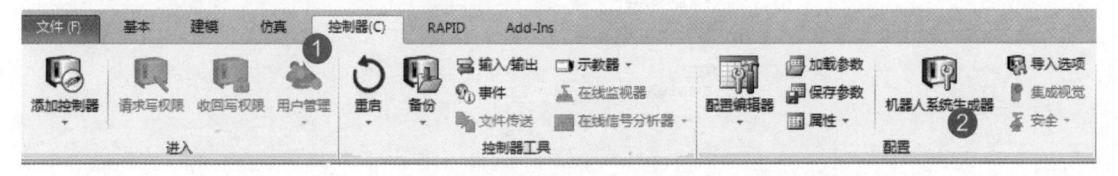

图 1-8　RobotStudio 菜单栏

③在弹出对话框中选择"创建新系统"，如图 1-9 所示。

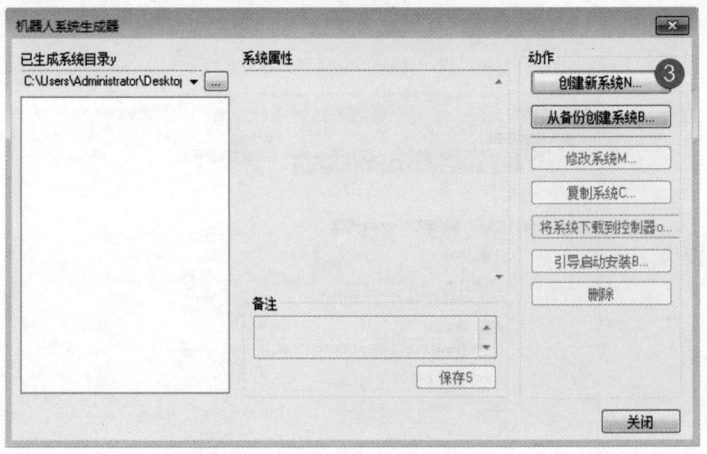

图 1-9　创建新系统

④单击"下一步"，如图 1-10 所示。

⑤给该系统命名，选择保存路径，单击"下一步"，如图 1-11 所示。

⑥在控制器密钥栏里输入该机器人的密钥，如图 1-12 所示。

⑦在不知道密钥的情况下，可以通过备份系统中的 system 文件来查看，在浏览器中打开

图 1-10　创建新系统向导

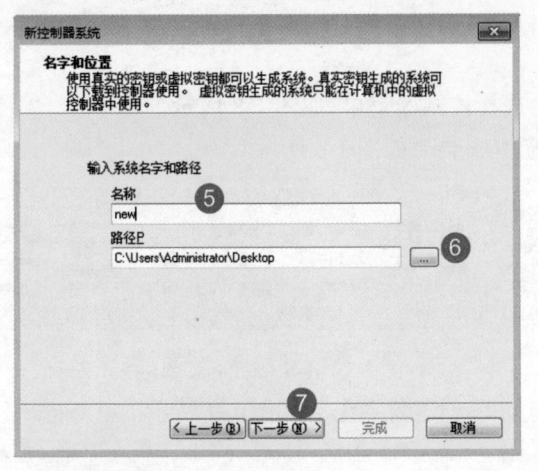

图 1-11　修改系统名字和路径

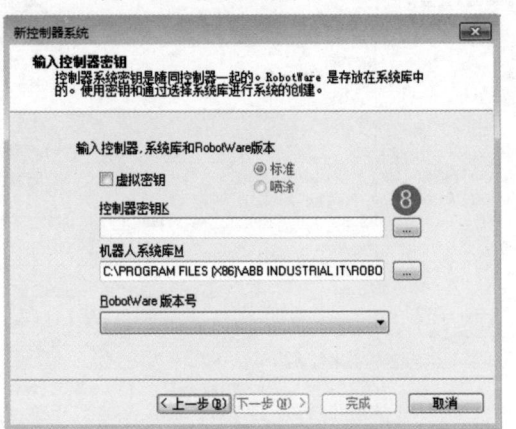

图 1-12　输入机器人密钥

此文件,如图 1-13 所示。

⑧看到 Key 一栏,复制该串字符,如图 1-14 所示。

⑨将复制的密钥粘贴在密钥栏中,单击"下一步",如图 1-15 所示。

BACKINFO	2016/5/17 9:56	文件夹	
HOME	2016/5/17 9:56	文件夹	
RAPID	2016/5/17 9:56	文件夹	
SYSPAR	2016/5/17 9:56	文件夹	
system.xml	2015/5/13 0:00	XML 文档	3 KB

图 1-13 查找密钥文件

This XML file does not appear to have any style information associated with it. The c

```
▼<SystemProperties>
    <SystemName>1200-500636</SystemName>
    <SerialNo>1200-500636</SerialNo>
  ▼<UsedMedia>
      <Media path="W:\DELIVERY\TESTING\CABTEST\MEDIAPOOL_RAC\ROBOTWARE_!
    </UsedMedia>
  ▼<ControlModule>
      <Key>4-EEEEGWnCJ11EEEEE.IMEGpUn#DRNxv8YqGPZ5</
      <SignatureNr>185</SignatureNr>
      <Category descr="OS">RobotWare OS and English</Category>
      <Category descr="Languages">644-5 Chinese</Category>
      <Category descr="Options">709-x DeviceNet</Category>
      <Category descr="Options">608-1 World Zones</Category>
      <Category descr="Options">611-1 Path Recovery</Category>
      <Category descr="Options">613-1 Collision Detection</Category>
      <Category descr="Options">616-1 PC Interface</Category>
      <Category descr="Options">623-1 Multitasking</Category>
      <Category descr="Suboptions">709-1 DeviceNet m/s</Category>
      <Option descr="RW Control module key"/>
      <Option descr="RobotWare OS and English"/>
      <Option descr="644-5 Chinese"/>
    ▼<Option descr="709-x DeviceNet">
        <SubOption descr="709-1 DeviceNet m/s"/>
      </Option>
```

图 1-14 key 信息

图 1-15 输入复制的密钥

⑩在此"输入驱动器密钥"栏中输入该机器人的驱动器密钥,如图 1-16 所示。

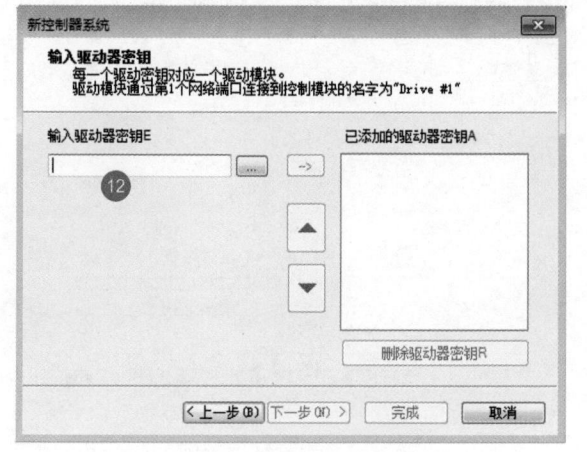

图 1-16 输入驱动器密钥

⑪如无密钥也可以通过备份文件中的 system 在浏览器中查看,如图 1-17 所示。

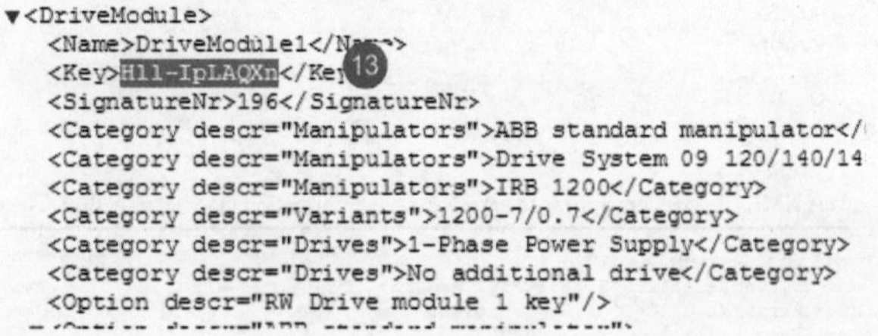

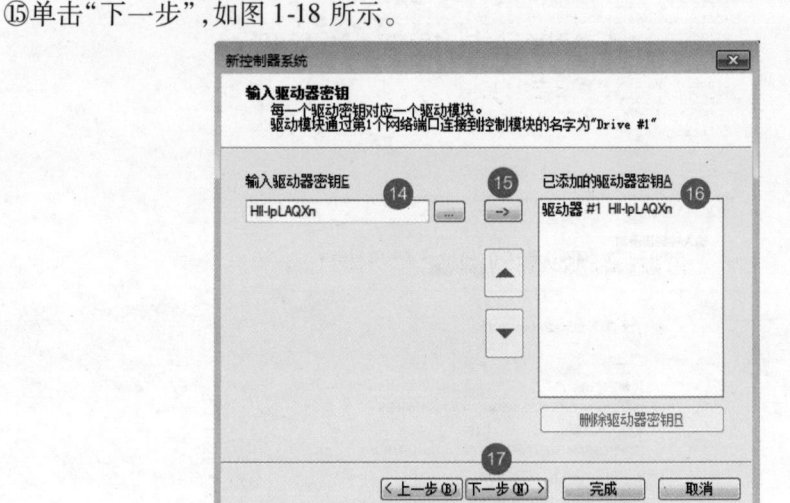

图 1-17　查看驱动器密钥

⑫输入驱动器密钥,如图 1-18 所示。

⑬单击添加密钥,如图 1-18 所示。

⑭选择该密钥,如图 1-18 所示。

⑮单击"下一步",如图 1-18 所示。

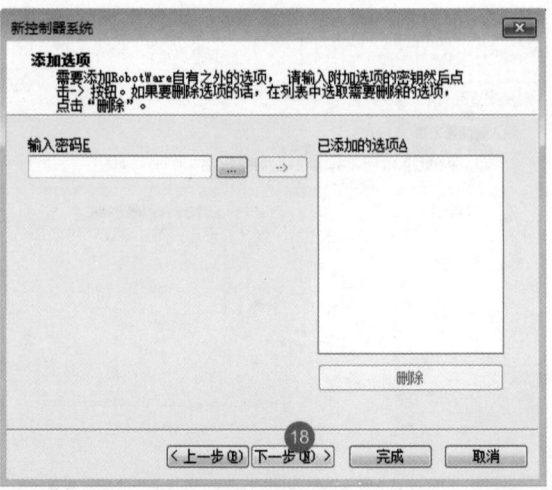

图 1-18　添加驱动器密钥

⑯单击"下一步",如图 1-19 所示。

图 1-19　单击"下一步"

⑰配置当前系统参数,选择第二语言中文,如图1-20所示。

⑱单击完成,新系统创建完成,如图1-20所示。

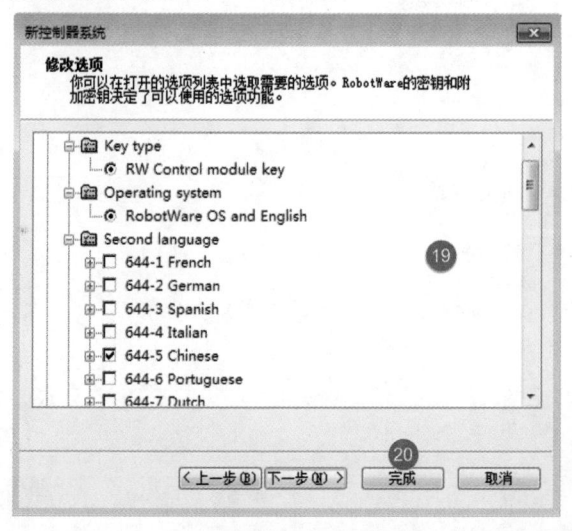

图1-20　新系统创建完成

(三)下载新系统

将上一步骤中已在计算机上新配置好的系统下载到机器人控制器中,使其生效。

操作步骤:

①进入"机器人系统生成器",选择新建立的系统new,如图1-21所示。

②选择将系统下载到控制器,如图1-21所示。

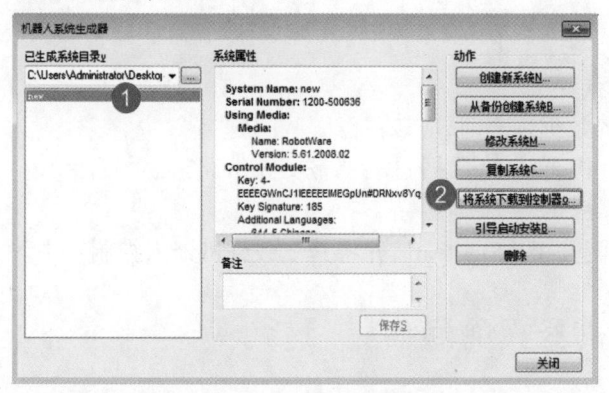

图1-21　选择新系统"new"

③选择两种方式来链接控制器(计算机端IP需要与控制器的IP在一个网段),如图1-22所示。

④链接测试,检查是否正常链接,如图1-22所示。

⑤下载新系统,等待新系统安装完成,如图1-22、图1-23所示。

⑥选择"是",重启控制器以更新系统,如图1-24所示。

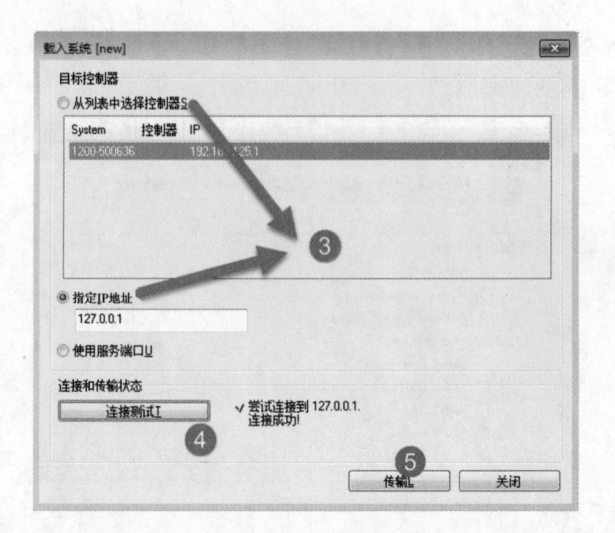

图 1-22　系统下载到控制器

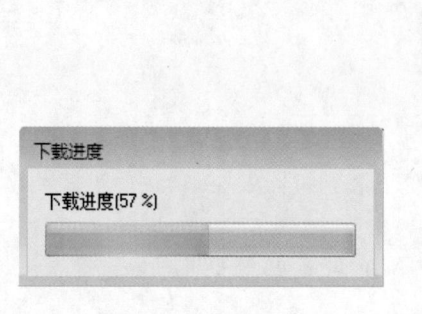

图 1-23　下载进度

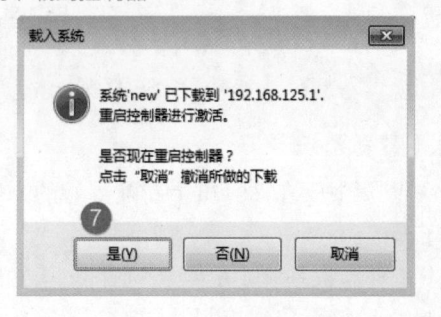

图 1-24　下载完成更新系统

五、思考与练习

1. 在 ABB 机器人数据恢复时,应该注意哪些问题?

2. 在计算机上对机器人的数据进行备份,备份路经为 F:/###/,备份文件夹命名为 IRB120_2016.11.11。

3. 在计算机上创建新系统 system1,并将其下载到机器人控制器中。

任务二　ABB 机器人的通信

一、任务描述

ABB 机器人提供了丰富的 I/O 通信接口,可以轻松地实现与周边设备的通信。本任务以 ABB 标准 I/O 板 DSQC652 为模块,设置模块单元为 board10,总线连接 DeviceNet1,地址为 10。

二、任务目标

知识目标:1. ABB 机器人 I/O 通信的种类;

　　　　　2. 常用 ABB 标准 I/O 板端子的含义;

　　　　　3. 常用 ABB 标准 I/O 板的配置。

技能目标: 1. 掌握 ABB 机器人 I/O 通信的种类；
　　　　　 2. 理解常用 ABB 标准 I/O 板端子的含义；
　　　　　 3. 掌握常用 ABB 标准 I/O 板的配置。

三、知识储备

(一) ABB 机器人 I/O 通信的种类

ABB 机器人提供了丰富的 I/O 通信接口，可以轻松地实现与周边设备的通信。I/O 通信协议见表 1-1。

表 1-1　I/O 通信协议

ABB 机器人		
PC	现场总线	ABB 标准
RS232 通信 OPC server Socket Message	Device Net Profibus Profibus-DP Profinet EtherNet IP	标准 I/O 板 PLC ⋮

关于 ABB 机器人的 I/O 通信接口的说明：

①ABB 的标准 I/O 板提供的常用信号处理有数字输入 di、数字输出 do，在本章中会对此进行介绍。

②ABB 机器人可以选配标准 ABB 的 PLC，省去了原来与外部 PLC 进行通信设置的麻烦，并且在机器人示教器上就能实现与 PLC 相关的操作。

(二) 常用 ABB 标准 I/O 板

常用 ABB 标准 I/O 板(具体规格参数以 ABB 官方最新公布为准)，见表 1-2。

表 1-2　常用 ABB 标准 I/O 板

型　号	说　明
DSQC 651	分布式 I/O 模块 di8\do8 ao2
DSQC 652	分布式 I/O 模块 di16\do16
DSQC 653	分布式 I/O 模块 di8\do8 带继电器
DSQC 355A	分布式 I/O 模块 ai4\ao4
DSQC 377A	输送链跟踪单元

1. ABB 标准 I/O 板 DSQC 651

DSQC 651 板主要提供 8 个数字输入信号、8 个数字输出信号和两个模拟量输出信号的处理。模块接口连接说明见表 1-3 至表 1-6。

表 1-3　X1 端子编号

X1 端子编号	使用定义	地址分配
1	OUTPUT CH1	32
2	OUTPUT CH2	33
3	OUTPUT CH3	34
4	OUTPUT CH4	35
5	OUTPUT CH5	36
6	OUTPUT CH6	37
7	OUTPUT CH7	38
8	OUTPUT CH8	39
9	0 V	
10	24 V	

表 1-4　X3 端子编号

X3 端子编号	使用定义	地址分配
1	INPUT CH1	0
2	INPUT CH2	1
3	INPUT CH3	2
4	INPUT CH4	3
5	INPUT CH5	4
6	INPUT CH6	5
7	INPUT CH7	6
8	INPUT CH8	7
9	0 V	
10	未使用	

表 1-5　X5 端子编号

X5 端子编号	使用定义
1	0 V BLACK
2	CAN 信号线 low BLUE
3	屏蔽线
4	GAN 信号线 high WHITE
5	24 V RED
6	GND 地址选择公共端

续表

X5 端子编号	使用定义
7	模块 ID bit0（LSB）
8	模块 ID bit1（LSB）
9	模块 ID bit2（LSB）
10	模块 ID bit3（LSB）
11	模块 ID bit4（LSB）
12	模块 ID bit5（LSB）

表 1-6　X6 端子编号

X6 端子编号	使用定义	地址分配	其　他
1	未使用		
2	未使用		
3	未使用		
4	0 V		
5	模拟输出 AO1	0-15	0 ~ +10 V
6	模拟输出 AO2	16-31	0 ~ +10 V

ABB 标准 I/O 板是挂在 DeviceNet 网络上的，所以需要设定模块在网络中的地址。端子 X5 的 6-12 的跳线用来决定模块的地址，地址可用范围为 10-63。

如图 1-25 所示，将第 8 脚和第 10 脚的跳线剪去，2 + 8 = 10 就可以获得 10 的地址。

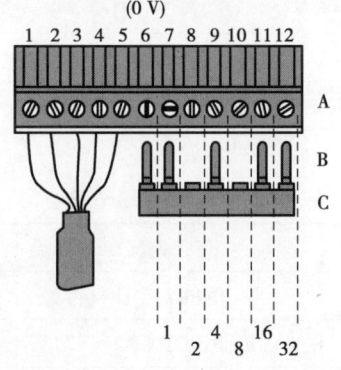

图 1-25　设置模块在网络中的地址

2. ABB 标准 I/O 板 DSQC 652

DSQC 652 板主要提供 16 个数字输入信号和 16 个数字输出信号的处理。模块接口连接说明见表 1-7 至表 1-9。

表 1-7　X1、X2 端子编号

X1 端子编号	使用定义	地址分配
1	OUTPUT CH1	0
2	OUTPUT CH2	1
3	OUTPUT CH3	2
4	OUTPUT CH4	3
5	OUTPUT CH5	4
6	OUTPUT CH6	5
7	OUTPUT CH7	6
8	OUTPUT CH8	7
9	0 V	
10	24 V	
X2 端子编号	使用定义	地址分配
1	OUTPUT CH9	8
2	OUTPUT CH10	9
3	OUTPUT CH11	10
4	OUTPUT CH12	11
5	OUTPUT CH13	12
6	OUTPUT CH14	13
7	OUTPUT CH15	14
8	OUTPUT CH16	15
9	0 V	
10	24 V	

表 1-8　X3、X4 端子编号

X3 端子编号	使用定义	地址分配
1	INPUT CH1	0
2	INPUT CH2	1
3	INPUT CH3	2
4	INPUT CH4	3
5	INPUT CH5	4
6	INPUT CH6	5
7	INPUT CH7	6
8	INPUT CH8	7

续表

X3 端子编号	使用定义	地址分配
9	0 V	
10	未使用	
X4 端子编号	使用定义	地址分配
1	INPUT CH9	8
2	INPUT CH10	9
3	INPUT CH11	10
4	INPUT CH12	11
5	INPUT CH13	12
6	INPUT CH14	13
7	INPUT CH15	14
8	INPUT CH16	15
9	0 V	
10	未使用	

表 1-9 X5 端子编号

X5 端子编号	使用定义
1	0 V BLACK
2	CAN 信号线 low BLUE
3	屏蔽线
4	GAN 信号线 high WHITE
5	24 V RED
6	GND 地址选择公共端
7	模块 ID bit0(LSB)
8	模块 ID bit1(LSB)
9	模块 ID bit2(LSB)
10	模块 ID bit3(LSB)
11	模块 ID bit4(LSB)
12	模块 ID bit5(LSB)

3. ABB 标准 I/O 板 DSQC 653

DSQC 653 板主要提供 8 个数字输入信号和 8 个数字继电器输出信号的处理。模块接口连接说明见表 1-10 至表 1-12。

表 1-10 X1 端子编号

X1 端子编号	使用定义	地址分配
1	OUTPUT CH1A	0
2	OUTPUT CH1B	
3	OUTPUT CH2A	1
4	OUTPUT CH2B	
5	OUTPUT CH3	2
6	OUTPUT CH3B	
7	OUTPUT CH4A	3
8	OUTPUT CH4B	
9	OUTPUT CH5A	4
10	OUTPUT CH5B	
11	OUTPUT CH6A	5
12	OUTPUT CH6B	
13	OUTPUT CH7A	6
14	OUTPUT CH7B	
15	OUTPUT CH8A	7
16	OUTPUT CH8B	

表 1-11 X3 端子编号

X3 端子编号	使用定义	地址分配
1	INPUT CH1	0
2	INPUT CH2	1
3	INPUT CH3	2
4	INPUT CH4	3
5	INPUT CH5	4
6	INPUT CH6	5
7	INPUT CH7	6
8	INPUT CH8	7
9	0 V	
10	未使用	

表 1-12 X5 端子编号

X5 端子编号	使用定义
1	0 V BLACK
2	CAN 信号线 low BLUE
3	屏蔽线
4	GAN 信号线 high WHITE
5	24 V RED
6	GND 地址选择公共端
7	模块 ID bit0(LSB)
8	模块 ID bit1(LSB)
9	模块 ID bit2(LSB)
10	模块 ID bit3(LSB)
11	模块 ID bit4(LSB)
12	模块 ID bit5(LSB)

4. ABB 标准 I/O 板 DSQC 355A

DSQC 355A 板主要提供 4 个模拟量输入信号和 4 个模拟量输出信号的处理。模块接口连接说明见表 1-13 至表 1-16。

表 1-13 X3 端子编号

X3 端子编号	使用定义
1	0 V
2	未使用
3	接地
4	未使用
5	+24 V

表 1-14 X5 端子编号

X5 端子编号	使用定义
1	0 V BLACK
2	CAN 信号线 low BLUE
3	屏蔽线
4	GAN 信号线 high WHITE
5	24 V RED
6	GND 地址选择公共端

续表

X5 端子编号	使用定义
7	模块 ID bit0（LSB）
8	模块 ID bit1（LSB）
9	模块 ID bit2（LSB）
10	模块 ID bit3（LSB）
11	模块 ID bit4（LSB）
12	模块 ID bit5（LSB）

表 1-15 X7 端子编号

X7 端子编号	使用定义	地址分配
1	模拟输出 1，−10 V/＋10 V	0-15
2	模拟输出 2，−10 V/＋10 V	16-31
3	模拟输出 3，−10 V/＋10 V	32-47
4	模拟输出 4,4～20 mA	48-63
5～18	未使用	
19	模拟输出 1,0 V	
20	模拟输出 2,0 V	
21	模拟输出 3,0 V	
22	模拟输出 4,0 V	
23～24	未使用	

表 1-16 X8 端子编号

X8 端子编号	使用定义	地址分配
1	模拟输入 1，−10 V/＋10 V	0-15
2	模拟输入 2，−10 V/＋10 V	16-31
3	模拟输入 3，−10 V/＋10 V	32-47
4	模拟输入 4，−10 V/＋10 V	48-63
5～16	未使用	
17～24	＋24 V	
25	模拟输出 1,0 V	
26	模拟输出 2,0 V	
27	模拟输出 3,0 V	
28	模拟输出 4,0 V	
29～32	0 V	

5. ABB 标准 I/O 板 DSQC 377A

DSQC 377A 板主要提供机器人输送链跟踪功能所需的编码器与同步开关信号的处理。模块接口连接说明见表 1-17 至表 1-19。

表 1-17　X3 端子编号

X3 端子编号	使用定义
1	0 V
2	未使用
3	接地
4	未使用
5	+ 24 V

表 1-18　X5 端子编号

X5 端子编号	使用定义
1	0 V BLACK
2	CAN 信号线 low BLUE
3	屏蔽线
4	GAN 信号线 high WHITE
5	24 V RED
6	GND 地址选择公共端
7	模块 ID bit0(LSB)
8	模块 ID bit1(LSB)
9	模块 ID bit2(LSB)
10	模块 ID bit3(LSB)
11	模块 ID bit4(LSB)
12	模块 ID bit5(LSB)

表 1-19　X20 端子编号

X20 端子编号	使用定义
1	24 V
2	0 V
3	编码器 1,24 V
4	编码器 1,0 V
5	编码器 1,A 相
6	编码器 1,B 相

续表

X20 端子编号	使用定义
7	数字输入信号 1,24 V
8	数字输入信号 1,0 V
9	数字输入信号 1,信号
10 ~ 16	未使用

四、任务实施

实战 ABB 标准 DSQC 652 I/O 板配置。

操作步骤：

①单击"ABB"图标,如图 1-26 所示。

②选择"控制面板",如图 1-26 所示。

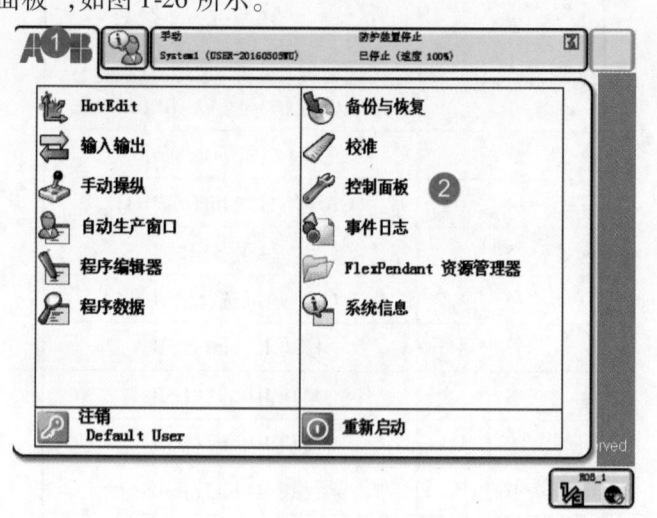

图 1-26　示教器菜单

③选择"配置系统参数",如图 1-27 所示。

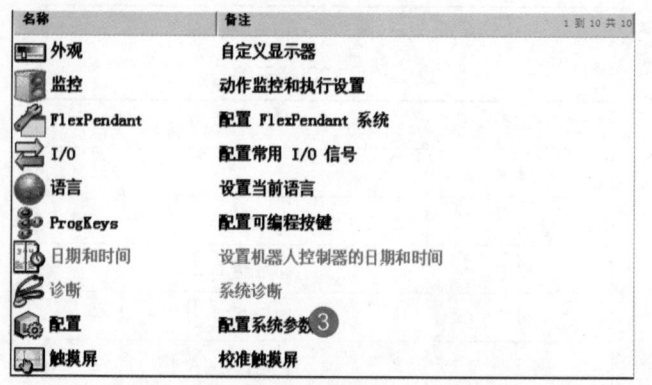

图 1-27　控制面板菜单

④双击选择"Unit"，如图 1-28 所示。

Access Level	Bus
Cross Connection	Fieldbus Command
Fieldbus Command Type	Route
Signal	System Input
System Output	Unit ④
Unit Type	

图 1-28　配置 DSQC 652 I/O 板单元

⑤"添加"I/O 板，如图 1-29 所示。

PANEL	DRV_1
DRV_2	DRV_3
DRV_4	

　　　　编辑　　　　**添加** ⑤　　　　删除

图 1-29　添加 I/O 板

⑥双击命名该 I/O 板（10 代表此模块在 DeviceNet 总线中的地址，方便识别），如图 1-30 所示。

⑦选取 DeviceNet1 总线协议，如图 1-30 所示。

⑧该 I/O 板的实际型号为 d652，如图 1-30 所示。

⑨拖动三角标签到底部，如图 1-30 所示。

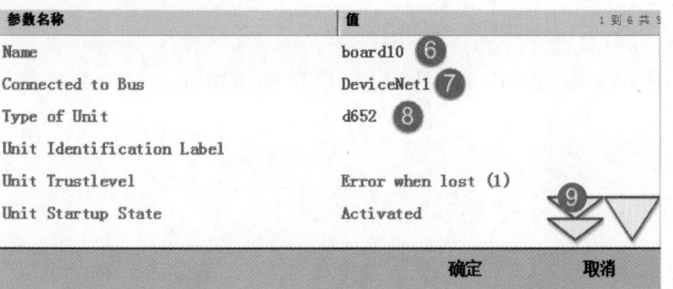

参数名称	值	1 到 6 共 9
Name	board10 ⑥
Connected to Bus	DeviceNet1 ⑦
Type of Unit	d652 ⑧
Unit Identification Label	
Unit Trustlevel	Error when lost (1)
Unit Startup State	Activated ⑨
	确定　　取消

图 1-30　编辑 I/O 板参数

⑩设置该 I/O 板所在的实际地址（10-63），如图 1-31 所示。

⑪单击"确定"，如图 1-31 所示。

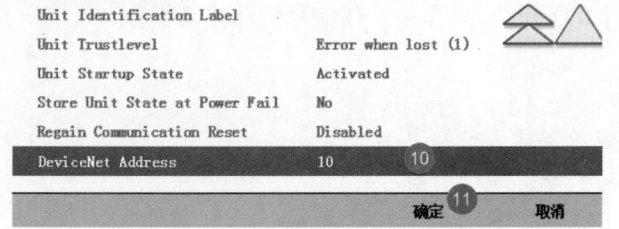

Unit Identification Label	
Unit Trustlevel	Error when lost (1)
Unit Startup State	Activated
Store Unit State at Power Fail	No
Regain Communication Reset	Disabled
DeviceNet Address	10 ⑩
	确定 ⑪　　取消

图 1-31　设置 I/O 板地址

⑫不需要重新启动控制器,如果选择"是",控制器会重新启动,重启完后再进入第③步的界面即可,如图1-32所示。

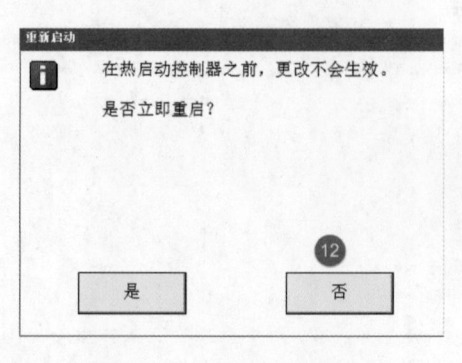

图1-32　判断是否重新启动

⑬后退到配置系统参数界面,此时定义DSQC 652板的总线连接操作完成,如图1-33所示。

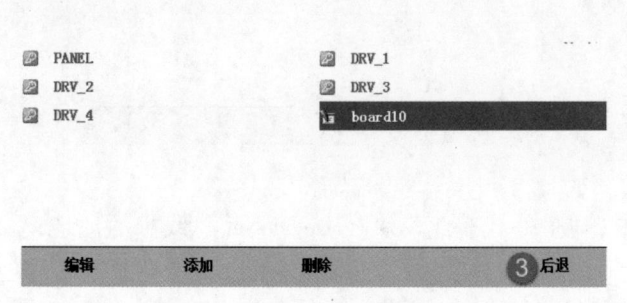

图1-33　DSQC 652板配置完成

五、思考与练习

1.思考常用标准I/O板的区别和应用。

2.以ABB标准I/O板DSQC 651为模块,设置模块单元为board14,总线连接DeviceNet1,地址为14。

任务三　建立I/O数字量输入、输出

一、任务描述

ABB机器人提供了丰富的I/O通信接口,可以轻松地实现与周边设备的通信。本任务将以ABB标准I/O板DSQC 652为模块,在任务二的操作基础上,创建数字输入信号di0、数字输出信号do0,并进行I/O配线,以实现I/O信号的监控及操作。

二、任务目标

知识目标:1.创建数字输入信号di0;

2.创建数字输出信号do0;

3.I/O信号配线;

4.I/O信号仿真与强制操作;

5.I/O 信号与系统输入输出的关联。

技能目标:1.掌握标准 I/O 板,数字输入、输出信号的创建;

2.掌握 I/O 信号的实际接线;

3.掌握 I/O 信号仿真与强制操作;

4.掌握 I/O 信号与系统输入输出的关联操作。

三、知识储备

1.数字输入信号 di0 的相关参数

数字输入信号 di0 参数含义见表1-20。

表1-20　数字输入信号 di0 参数含义

参数名称	设定值	说　明
Name	di0	设定数字输出信号的名字
Type of Signal	Digital Input	设定信号的类型
Assigned to Unit	board10	设定信号所在的 I/O 模块
Unit Mapping	0	设定信号所占用的地址

2.数字输出信号 do0 的相关参数

数字输出信号 do0 参数含义见表1-21。

表1-21　数字输出信号 do0 参数含义

参数名称	设定值	说　明
Name	do0	设定数字输出信号的名字
Type of Signal	Digital Output	设定信号的类型
Assigned to Unit	board10	设定信号所在的 I/O 模块
Unit Mapping	32	设定信号所占用的地址

3.机器人常见的外部电器

1)输入设备

(1)传感器

传感器(transducer/sensor)是一种检测装置,能感受到被测量的信息,并能将感受到的信息按一定的规律变换成电信号或其他所需形式的信息输出,以满足信息的传输、处理、存储、显示、记录和控制等要求。

传感器的特点包括微型化、数字化、智能化、多功能化、系统化、网络化。它是实现自动检测和自动控制的首要环节。传感器的存在和发展,让物体有了触觉、味觉和嗅觉等感官,让物体慢慢变得活了起来。根据传感器基本感知功能将其分为热敏元件、光敏元件、气敏元件、力敏元件、磁敏元件、湿敏元件、声敏元件、放射线敏感元件、色敏元件和味敏元件十大类,各类传感器如图1-34 所示。

传感器的输出形式一般分为数字量、模拟量两种。

选择传感器时要确定设备的输入端是高电平输入还是低电平输入,ABB 的 I/O 板输入输出信号都是 +24 V 高电平输入输出(PNP)。

(2)读码器

读码器也是传感器的一种,一般的传感器是 1 位的数字量,而读码器由 8 位的数字量组成,读码器如图 1-35 所示。

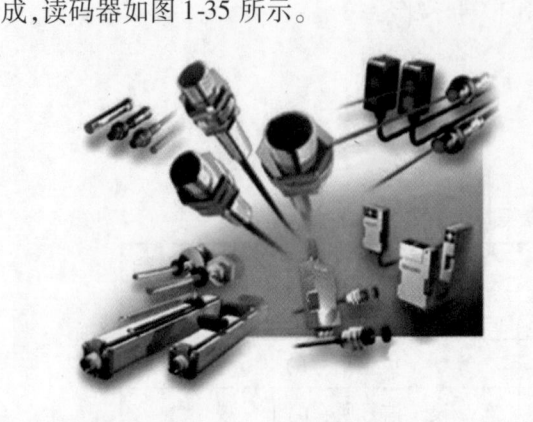

图 1-34　各类传感器

图 1-35　读码器

(3)开关按钮

按钮可按操作方式、防护方式分类,常见的按钮类别及特点如下所述。

①开启式:适用于嵌装固定在开关板、控制柜或控制台的面板上,代号为 K。

②保护式:带保护外壳,可以防止内部的按钮零件受机械损伤或人触及带电部分,代号为 H。

③防水式:带密封的外壳,可防止雨水浸入,代号为 S。

④防腐式:能防止化工腐蚀性气体的侵入,代号为 F。

⑤防爆式:能用于含有爆炸性气体与尘埃的地方而不引起传爆,如煤矿等场所,代号为 B。

⑥旋钮式:用手把旋转操作触点,有通断两个位置,一般为面板安装式,代号为 X。

⑦钥匙式:用钥匙插入旋转进行操作,可防止误操作或供专人操作,代号为 Y。

⑧紧急式:有红色大蘑菇钮头突出于外,作紧急时切断电源用,代号为 J 或 M。

⑨自持按钮:按钮内装有自持用电磁机构,主要用于发电厂、变电站或试验设备中,操作人员互通信号及发出指令等,一般为面板操作,代号为 Z。

⑩带灯按钮:按钮内装有信号灯,除用于发布操作命令外,兼作信号指示,多用于控制柜、控制台的面板上,代号为 D。

⑪组合式:多个按钮组合,代号为 E。

⑫联锁式:多个触点互相联锁,代号为 C。

按用途和结构分类如下所述。

①常开按钮。

②常闭按钮。

③复合按钮。

各类开关按钮如图 1-36 所示。

平钮　　带灯钮　　高位带灯钮　　旋钮　　旋钮

蘑菇钮　　　紧急钮　　　带锁钮　　双位钮

头部

卡座　　触点　　LED　　灯座

图 1-36　各类开关按钮

2）输出设备

输出设备通常有电磁阀、继电器和信号灯，具体如图 1-37 至图 1-40 所示。

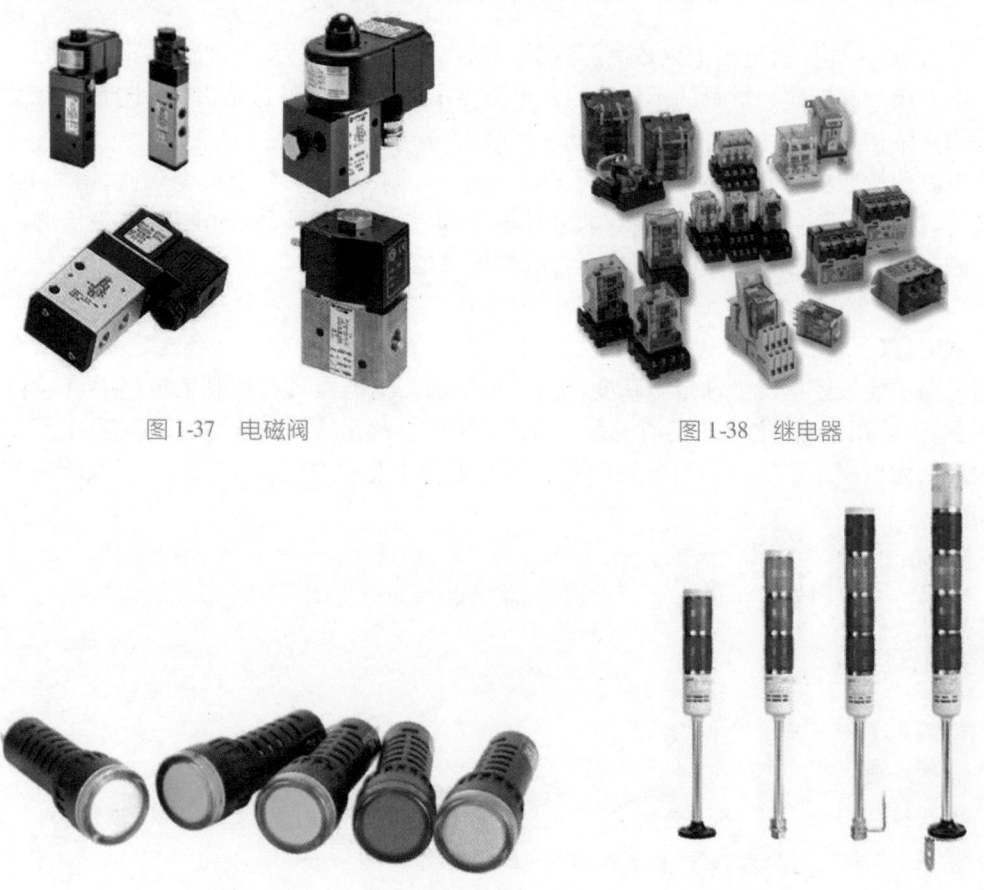

图 1-37　电磁阀　　　　　　　　图 1-38　继电器

图 1-39　信号灯 1　　　　　　　图 1-40　信号灯 2

25

（1）电磁阀

电磁阀从原理上分为 3 大类，如下所述。

①直动式电磁阀。

a.原理：通电时，电磁线圈产生电磁力将关闭件从阀座上提起，阀门打开；断电时，电磁力消失，弹簧把关闭件压在阀座上，阀门关闭。

b.特点：在真空、负压、零压时能正常工作，但通径一般不超过 25 mm。

②分步直动式电磁阀。

a.原理：分步直动式电磁阀是利用直动和先导式相结合的原理，当入口与出口没有压差时，通电后，电磁力直接把先导小阀和主阀关闭件依次向上提起，阀门打开。当入口与出口达到启动压差时，通电后，电磁力先导小阀，主阀下腔压力上升，上腔压力下降，从而利用压差把主阀向上推开；断电时，先导阀利用弹簧力或介质压力推动关闭件，向下移动，使阀门关闭。

b.特点：在零压差或真空、高压时亦能动作，但功率较大，要求必须水平安装。

③先导式电磁阀。

a.原理：通电时，电磁力把先导孔打开，上腔室压力迅速下降，在关闭件周围形成上低下高的压差，流体压力推动关闭件向上移动，阀门打开；断电时，弹簧力把先导孔关闭，入口压力通过旁通孔迅速在关闭件周围形成下低上高的压差，流体压力推动关闭件向下移动，关闭阀门。

b.特点：流体压力范围上限较高，可任意安装（需定制）但必须满足流体压差条件。

电磁阀从阀结构和材料的不同分为 6 个分支小类，即直动膜片结构、分步直动膜片结构、先导膜片结构、直动活塞结构、分步直动活塞结构、先导活塞结构。

电磁阀按照功能分为：水用电磁阀、蒸汽电磁阀、制冷电磁阀、低温电磁阀、燃气电磁阀、消防电磁阀、氨用电磁阀、气体电磁阀、液体电磁阀、微型电磁阀、脉冲电磁阀、液压电磁阀常开电磁阀、油用电磁阀、直流电磁阀、高压电磁阀、防爆电磁阀等。

（2）继电器

继电器（relay）是一种电控制器件，即当输入量（激励量）的变化达到规定要求时，在电气输出电路中使被控量发生预定阶跃变化的一种电器。继电器具有控制系统（输入回路）和被控制系统（输出回路）之间的互动关系。通常应用于自动化的控制电路中，其实际上是用小电流去控制大电流运作的一种"自动开关"。故在电路中起着自动调节、安全保护、转换电路等作用。

（3）信号灯

信号灯主要用于提示设备运行状态，线路通断等安全提醒。

四、任务实施

（一）配置数字量输入 di0

操作步骤：

①选择"控制面板"，选择"配置"，双击"Signal"进入 I/O 配置，如图 1-41 所示。

②双击"添加"，添加数字量输入，如图 1-42 所示。

③双击输入该点的名称（这里先建一个数字输入），如图 1-43 所示。

④选择信号的类型"Digital Input"（数字量输入）（根据实际需要选择，该 D652 板只有数

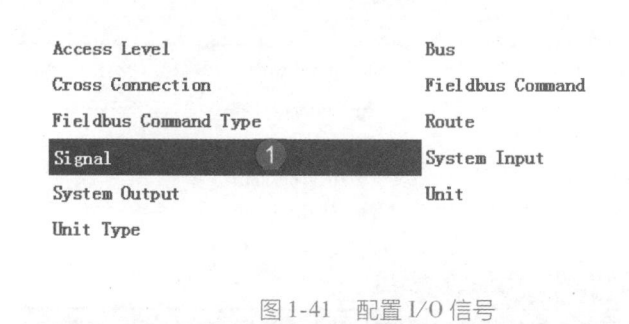

图 1-41 配置 I/O 信号

| 编辑 | 添加② | 删除 | 后退 |

图 1-42 添加信号

字量输入和输出),如图 1-43 所示。

⑤选择 board10(实战 ABB652 I/O 板配置中建立的 board10),如图 1-43 所示。

⑥设置该输入信号占用地址 0(D652 是 16 点输入,所以地址可以是 0 ~ 15),如图 1-43 所示。

⑦单击"确定",如图 1-43 所示。

⑧单击"否"(即设置完所有 I/O 后再重新启动),如图 1-44 所示。

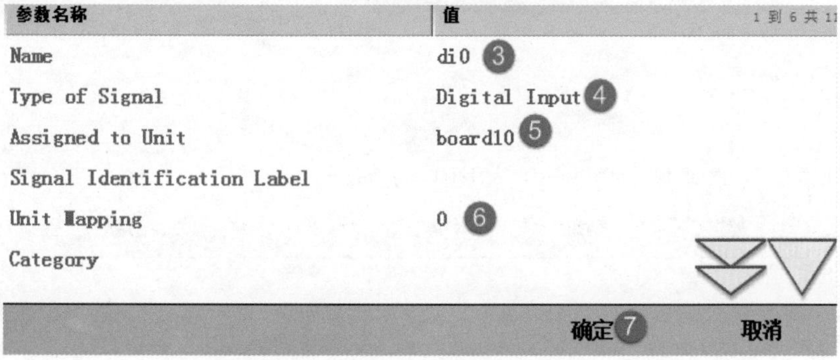

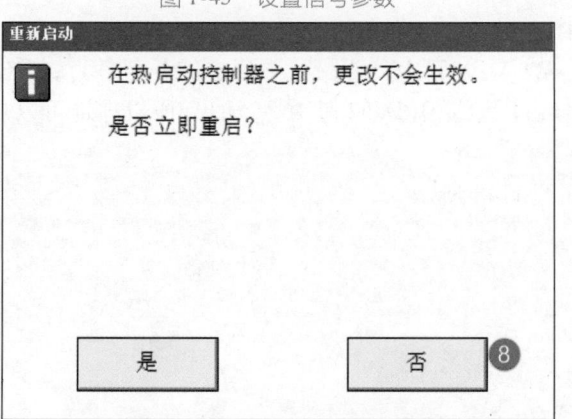

图 1-43 设置信号参数

图 1-44 是否热启动控制器

⑨di0 就是已建好的数字量输入信号端口,如图 1-45 所示。

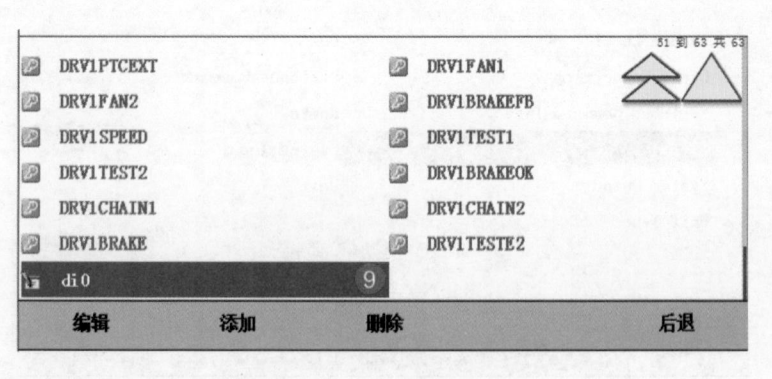

图 1-45　信号 di0 创建完成

(二)配置数字量输出 do0

操作步骤:

①选择"控制面板",选择"配置",双击"Signal"进入 I/O 配置,如图 1-46 所示。

图 1-46　配置 I/O 信号

②双击"添加"(添加数字量输出),如图 1-47 所示。

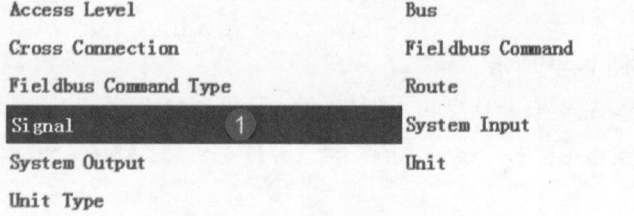

图 1-47　添加信号

③双击输入该点的名称"do0"(这里先建一个数字输出),如图 1-48 所示。

④选择信号的类型"Digital Output"(数字量输出)(根据实际需要选择,该 D652 板只有数字量输入和输出),如图 1-48 所示。

⑤选择 board10(实战 ABB652 I/O 板配置中建立的 board10),如图 1-48 所示。

⑥设置该输出信号占用地址 0(D652 是 16 点输出,所以地址可以是 0～15),如图 1-48 所示。

⑦单击"确定",如图 1-48 所示。

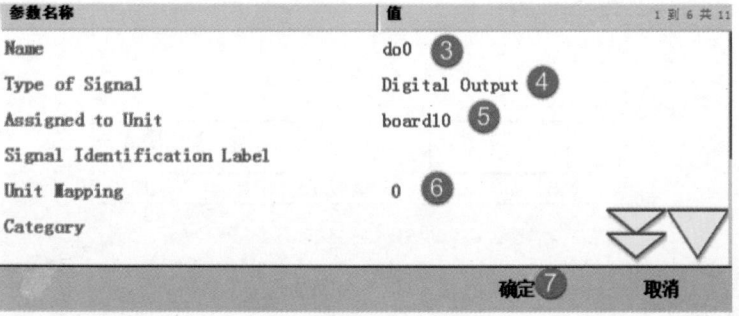

图 1-48　设置信号参数

⑧单击"否"（即设置完所有 I/O 后再重新启动），如图 1-49 所示。

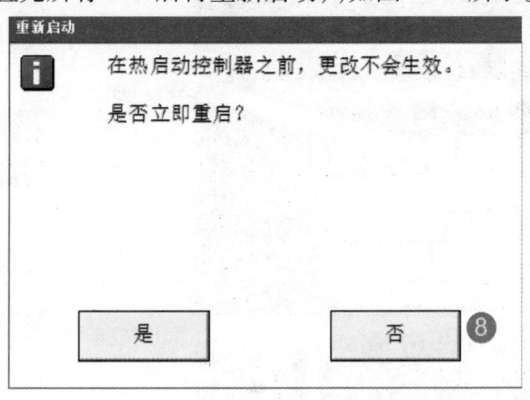

图 1-49　是否热启动控制器

⑨do0 就是已建好的数字量输出信号端口，如图 1-50 所示。

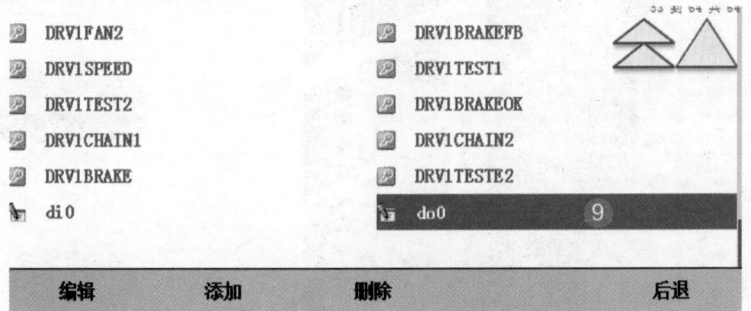

图 1-50　信号 do0 创建完成

（三）I/O 配线

操作步骤：

①XS12 端子 1～8 对应 Digital Input 的实际地址为 0-7（即在 di0 信号设置中 unit mapping = 0，那么所对应的输入信号端是该 XS12 的 1 号端子；9 号端子接外部 0 V 输入，10 号端子未使用；需要 PNP 信号输出，高电平 24 V）。

②XS13 端子 1～8 对应 Digital Input 的实际地址为 8-15。

③XS14 端子 1～8 对应 Digital Output 的实际地址为 0-7（PNP 高电平输出，输出的是 + 24 V）。

④XS15 端子 1～8 对应 Digital Output 的实际地址为 8-15。

⑤未使用。

⑥内部 24 V 供电电源（1 号端子 0 V，5 号端子 24 V）（此电源可带简单外部设备，如继电器、电磁阀、传感器等）。

I/O 配线具体如图 1-51 所示。

（四）I/O 信号仿真与强制操作

1. 数字输入仿真与测试

操作步骤：

①单击"ABB"图标，如图 1-52 所示。

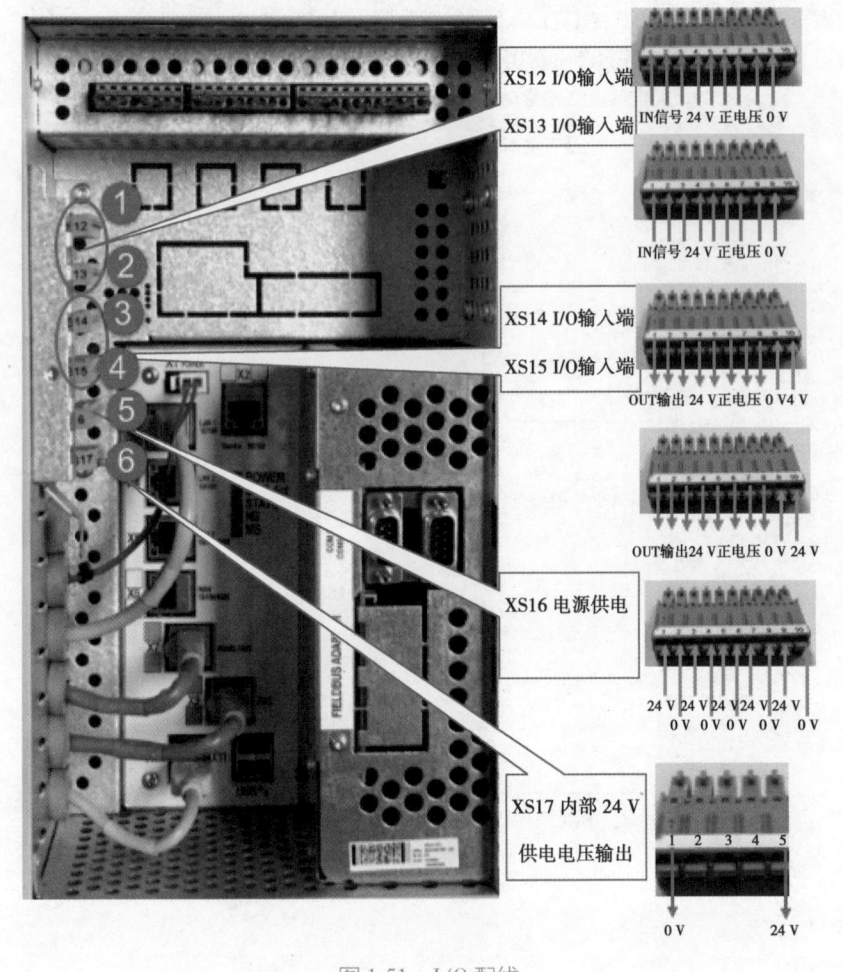

图 1-51　I/O 配线

②单击输入输出，如图 1-52 所示。

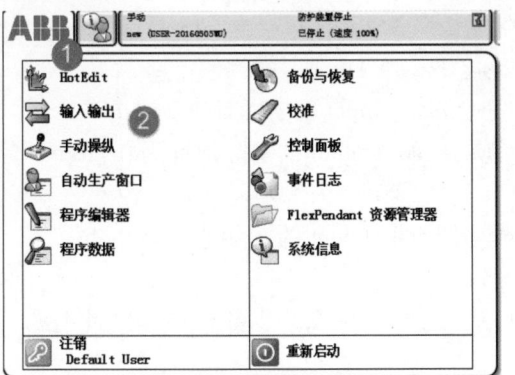

图 1-52　示教器菜单

③单击右下角的视图按钮，如图 1-53 所示。

④查看"数字输入"，如图 1-53 所示。

⑤选中 di0 输入信号，如图 1-54 所示。

⑥单击"仿真"，如图 1-54 所示。

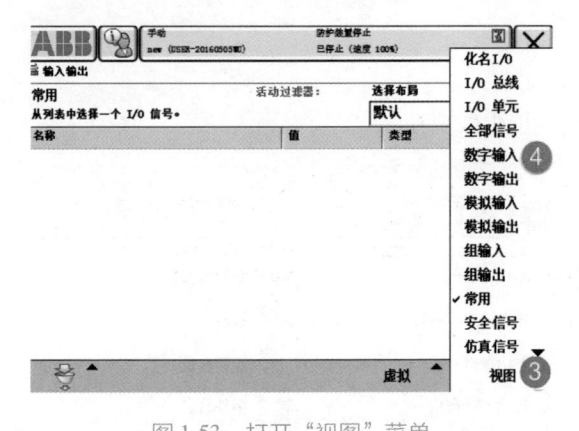

图 1-53　打开"视图"菜单

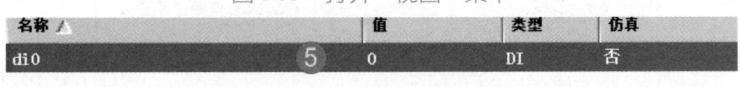

图 1-54　信号 di0 仿真

⑦单击"1",程序中的 di0 就会为 1,如图 1-55 所示。

⑧单击"0",程序中的 di0 就会为 0,如图 1-55 所示。

⑨当不需要仿真时,单击"消除仿真",如图 1-55 所示。

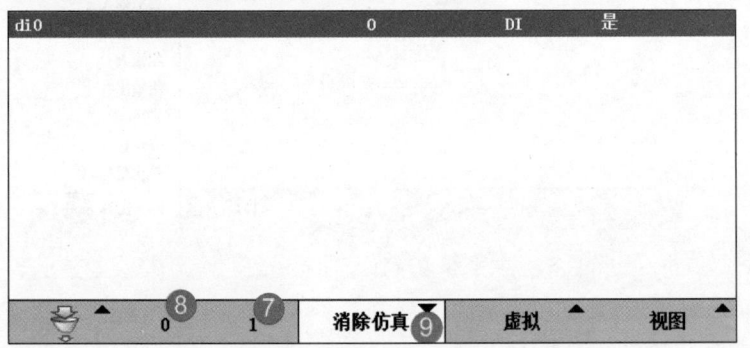

图 1-55　对信号 di0 强制操作

测试实际输入接线是否正确,方法同仿真类似。

进入数字输入查看界面,查看 di0 的值是否变化,如果此端口接的是传感器,可以通过遮挡传感器来查看该值是否会为 1,有变化则说明外部接线正确,如图 1-56 所示。

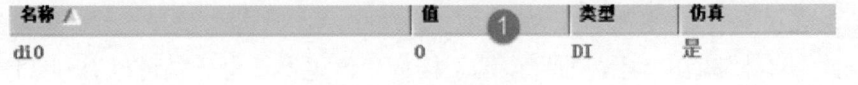

图 1-56　查看信号 di0

2. 数字输出仿真与测试

操作步骤：

①单击"ABB"图标，如图1-57所示。

②单击"输入输出"选项，如图1-57所示。

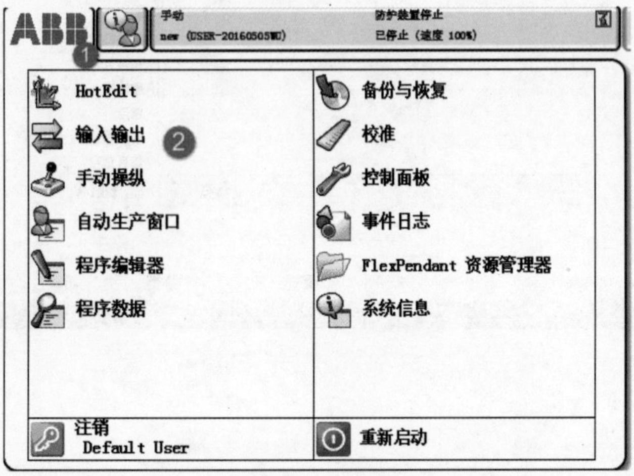

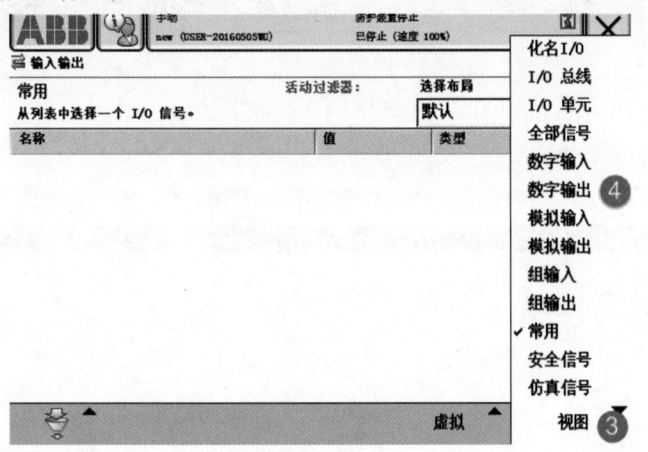

图1-57 示教器菜单

③单击右下角的"视图"按钮，如图1-58所示。

④查看"数字输出"，如图1-58所示。

图1-58 打开"视图"菜单

⑤选中"do0"输出信号，如图1-59所示。

⑥单击"仿真"，如图1-59所示。

⑦单击"1"，程序中的do0就会为1，如图1-60所示。

⑧单击"0"，程序中的do0就会为0，如图1-60所示。

⑨当不需要仿真时，单击"消除仿真"，如图1-60所示。

测试实际输出接线是否正确，方法同仿真类似。

①选中"do0"输出信号，如图1-61所示。

②单击"1"，外部输出动作（如果该端子接的是继电器或电磁阀可以看到线圈吸合或听到线圈吸合的声音），如图1-61所示。

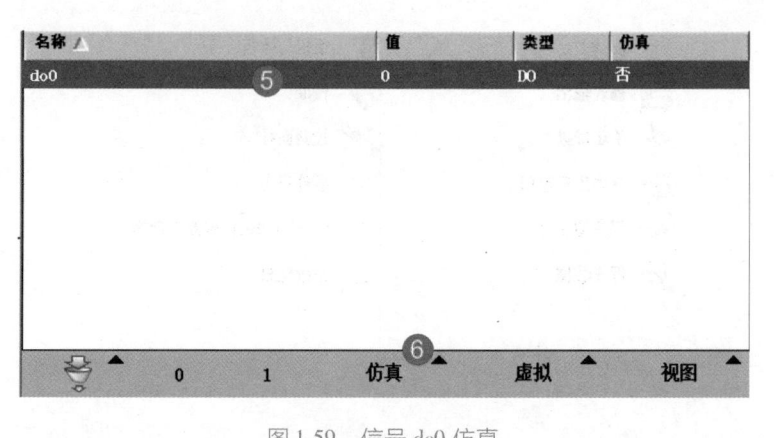

图 1-59　信号 do0 仿真

图 1-60　对信号 do0 强制操作

③单击"0",外部输出断开,如图 1-61 所示。

注:这 3 步完成后,就可以确定该输出点外部接线正确。

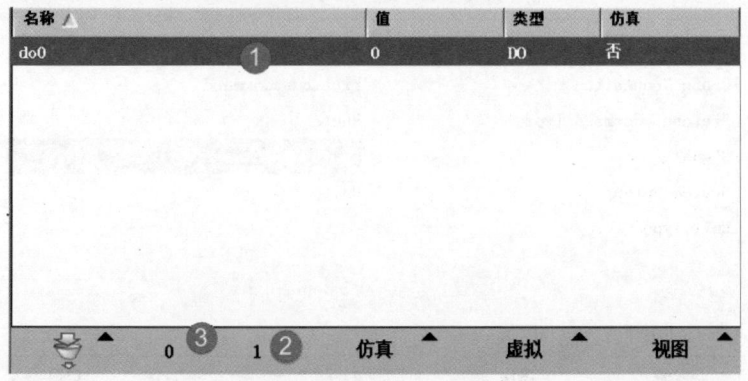

图 1-61　测试实际输出接线

(五)系统输入输出与 I/O 信号的关联

系统输入输出包括系统输入(电动机开启、程序启动、程序停止等)以及系统输出(系统报警、系统状态等)。

1.建立"电动机开启"与数字输入信号 di0 的关联

操作步骤:

①进入"控制面板",如图 1-62 所示。

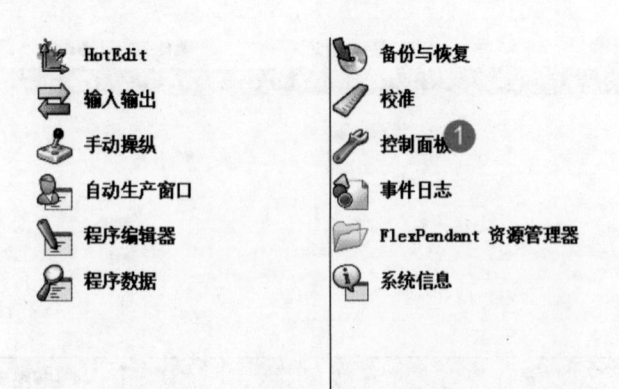

图 1-62　示教器菜单

②选择"配置系统参数",如图 1-63 所示。

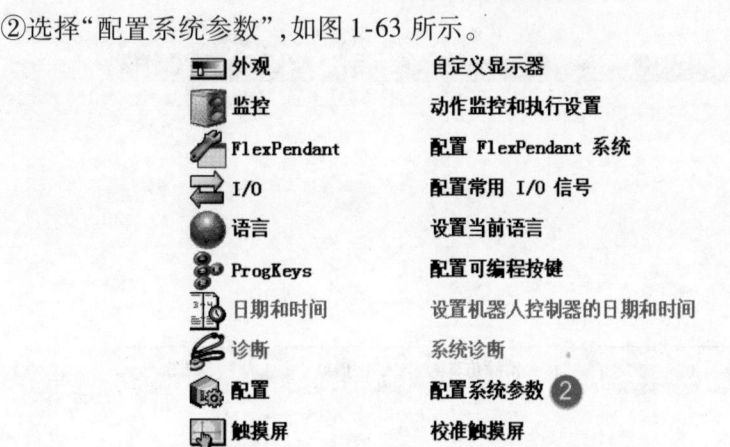

图 1-63　控制面板菜单

③双击"System Input"系统输入,如图 1-64 所示。

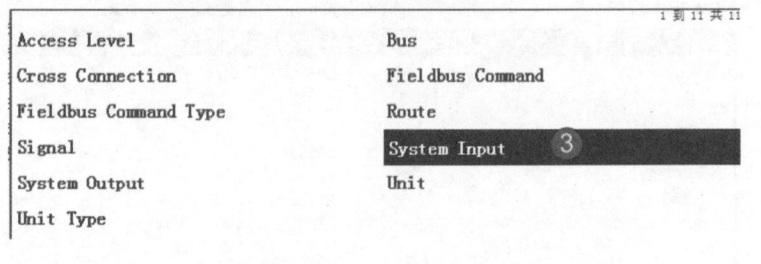

图 1-64　选择"System Input"

④单击"添加",如图 1-65 所示。

图 1-65　选择"添加"

⑤单击"Signal Name"选择要关联的数字输入信号"di0",如图 1-66 所示。

⑥双击"Action"选择要关联的系统输入,如图 1-66 所示。系统输入见表 1-22。

⑦单击"确定",如图 1-66 所示。

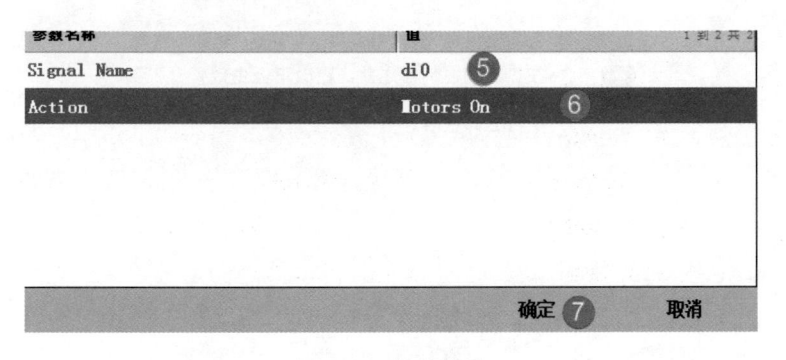

图 1-66 关联信号

表 1-22 系统输入

Motors On	伺服开
Motors Off	伺服关
Start	开始
Start at main	在主程序中开始
Stop	停止
Quick stop	快速停止
Soft Stop	软停止
Stop at end of Cycle	停止周期结束
Interrupt	暂停
Load and Start	加载和启动
Reset Emergency Stop	复位紧急停止
Reset Execution Error Signal	复位执行错误信号
Motors On and start	伺服开并启动
Stop at end of instruction	在指令结束停止
System Restart	系统重新启动
Load	加载程序
Backup	备份
Sim Mode	SIM 卡模式
Disable backup	禁用备份
Limit Speed	极限速度

⑧如果已配置完则单击"是"重启控制器,如图 1-67 所示。

⑨如果还需要配置别的系统信号,单击"否"继续其他配置,如图 1-67 所示。

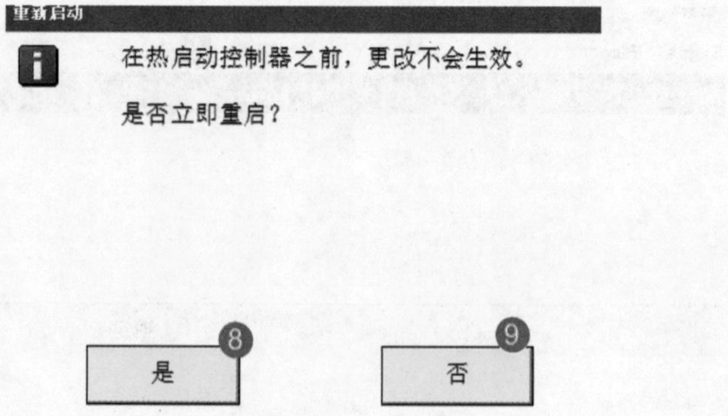

重新启动

在热启动控制器之前，更改不会生效。

是否立即重启？

| 是 ⑧ | 否 ⑨ |

图 1-67　是否重启控制器

2.建立"系统运行"状态与数字输出信号 do0 的关联

操作步骤：

①进入"控制面板"，如图 1-68 所示。

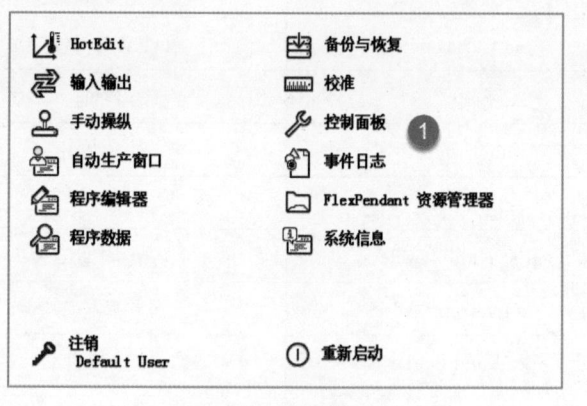

图 1-68　示教器菜单

②选择"配置系统参数"，如图 1-69 所示。

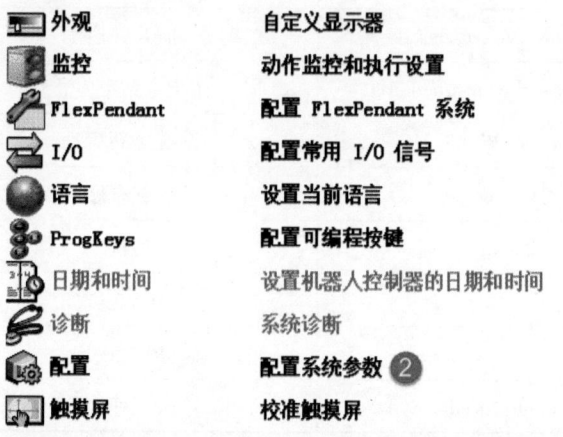

图 1-69　控制面板菜单

③双击"System Output"输出，如图 1-70 所示。

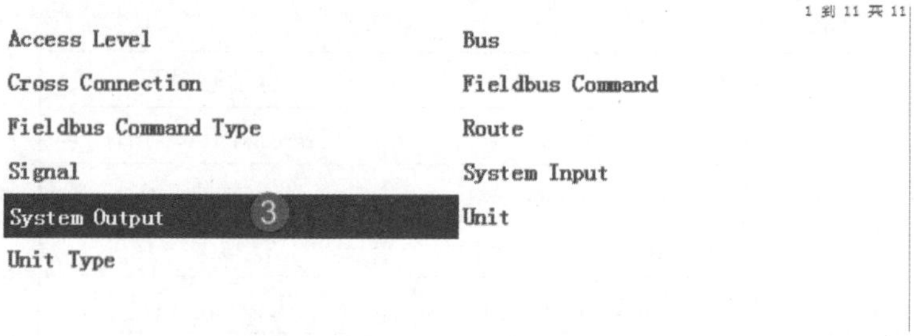

图 1-70　选择"System Output"

④单击"添加",如图 1-71 所示。

图 1-71　选择"添加"

⑤单击"Signal Name"选择要关联的数字输入信号"do0",如图 1-72 所示。

⑥双击"Status"选择要关联的系统输出,如图 1-72 所示,系统输出见表 1-23。

⑦单击"确定",如图 1-72 所示。

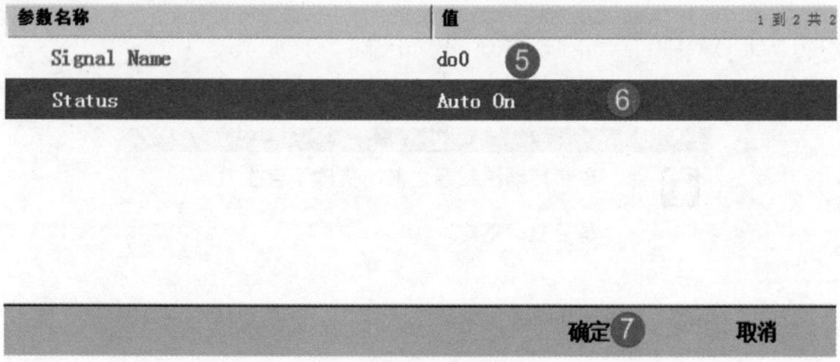

图 1-72　关联信号

表 1-23　**系统输出**

Motors On	伺服开
Motors Off	伺服关
Cycle On	循环开
Emergency Stop	紧急停止
Auto On	自动开
Runchain Ok	准备 OK
TCP Speed	TCP 速度
Execution Error	程序执行错误
Motors On State	伺服上电指示
Motors Off State	伺服掉电指示
Power Fail Error	电源故障错误
Motion Supervision Triggered	发生碰撞

续表

Motion Supervision On	运动监视开
Path return Region Error	路径返回区域错误
TCP Speed Reference	TCP 速度参考
Simulated I/O	模拟 I / O
Mechanical Unit Active	机械单元激活
Task Executing	任务执行
Mechanical Unit Not Moving	机械单元不移动
Production Execution Error	生产执行错误
Backup in progress	备份正在进行中
Backup error	备份错误
Sim Mode	SIM 卡模式
Limit Speed	极限速度

⑧如果已配置完则单击"是"重启控制器,如图 1-73 所示。

⑨如果还需要配置别的系统信号,单击"否"继续其他配置,如图 1-73 所示。

重新启动

ℹ️ 在热启动控制器之前,更改不会生效。

是否立即重启?

图 1-73　是否重启控制器

(六)配置组信号

组输入信号就是将几个数字输入信号组合起来使用,用于接收外围设备输入的 BCD 编码的十进制数,此例中,gi1 占用地址 1-4,共 4 位,可以代表十进制数 0 ~ 15。以此类推,如果占用 5 位的话,可以代表十进制数 0 ~ 31,组输入信号地址状态见表 1-24。

表 1-24　组输入信号地址状态

状态	地址 1	地址 2	地址 3	地址 4	十进制数
	1	2	4	8	
状态 1	1	0	0	1	8 + 1 = 9
状态 2	1	1	1	0	4 + 2 + 1 = 7

操作步骤:

①进入"控制面板",如图 1-74 所示。

图 1-74　示教器菜单

②选择"配置系统参数",如图 1-75 所示。

图 1-75　控制面板菜单

③双击"Signal",如图 1-76 所示。

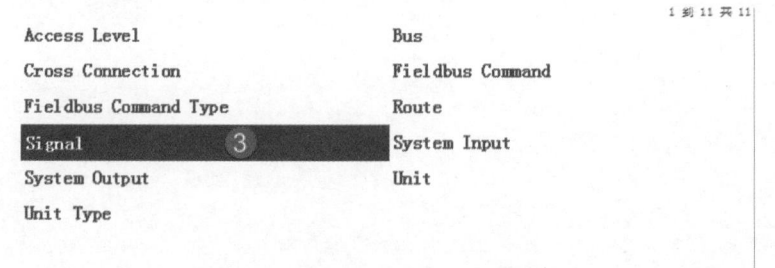

图 1-76　选择"Signal"

④单击"添加",如图 1-77 所示。

图 1-77　添加信号

⑤单击"Name"输入该组信号的名称"gi1",如图 1-78 所示。

⑥双击"Type of Signal"选择"Group Input"组信号输入,如图1-78所示。

⑦双击"Assigned to Unit"选择"board10"这个I/O板,如图1-78所示。

⑧输入"1-4",这组信号有几位即占用几个地址("1-4"信号有4位,占用1、2、3、4这4个I/O输入地址),如图1-78所示。

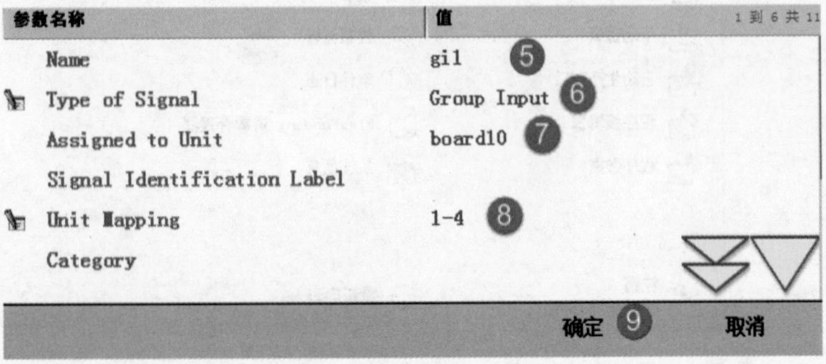

图1-78　配置组信号参数

⑨单击"确定",gi1设置完成,如图1-78所示。

五、思考与练习

1.常用标准I/O板数字信号的地址是如何分配的?

2.以ABB标准I/O板DSQC 652为模块,设置模块单元为board15,地址为15。创建数字输入量di3,数字输出量do3,进行输入输出量的仿真与强制操作,并进行I/O的实际接线。

3.在模块单元board10中设置组输出信号go1,信号所占地址为1-4。

4.通过示教器创建"复位紧急停止"与数字输入信息的关联。

项目二

程序编写

任务一　工具坐标设定

一、任务描述

我们在进行正式的机器人编程之前需要构建起必要的编程环境。工具坐标、工件坐标、负荷数据是构建机器人编程环境的 3 个重要的程序数据。本项目以 tool0 为基准,创建工具坐标 tool1。

二、任务目标

知识目标: 1. 工具坐标的概念及应用;

2. 工具坐标创建原理;

3. 工具坐标 tool1 的创建。

技能目标: 1. 掌握工具坐标的概念及应用;

2. 掌握工具坐标的创建操作。

三、知识储备

1. 工具坐标的作用

工具数据 tooldata 用于描述安装在机器人第六轴上的工具的 TCP、质量、重心等参数数据。建立了工具坐标系后,机器人的控制点也转移到了工具的尖端点上,在示教时可以利用控制点位置不变的操作,方便地调整工具姿态,并可使插补运算时的轨迹更为精确。所以,不管是什么机型的机器人,用于什么用途,只要安装的工具有个尖端,在示教程序前务必要准确地建立工具坐标系。

在一般情况下,不同的机器人应用配置不同的工具,比如说弧焊机器人就是用弧焊枪作为工具,而用于搬运板材的机器人就会使用吸盘式的夹具作为工具,如图 2-1 所示。焊枪设置的工具坐标为末端尖端(有时会设置 Z 轴方向偏离末端表面 3 ~ 5 mm);吸盘一般设置在接触面的中心。

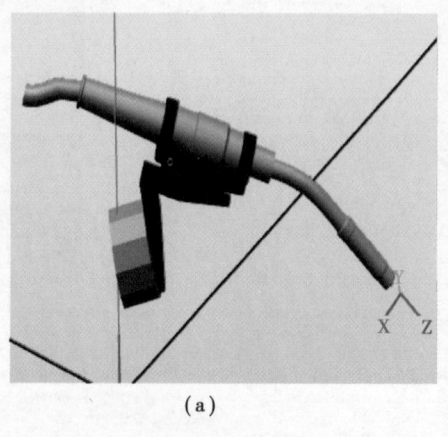
(a)

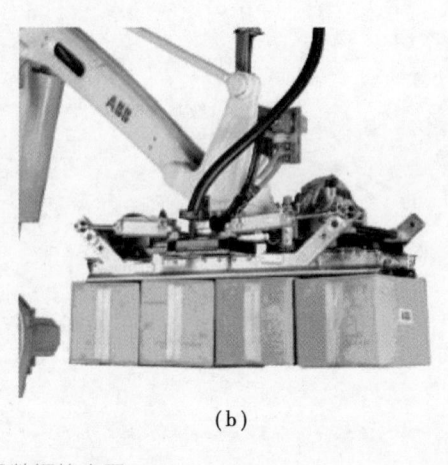
(b)

图 2-1　工具数据的应用

工具坐标系定义机器人到达预设目标时所使用工具的位置。工具坐标系将工具中心点设为零位,并由此定义工具的位置和方向。在执行程序时,机器人就是将 TCP 移至编程位置。这意味着,如果用户需要更改工具以及工具坐标系,机器人的移动将随之更改,以便新的 TCP 到达目标(后续内容以重定位和线性运动来说明此现象)。下面将讲述如何新建一个工具坐标并设定相关参数。

2. 创建工具坐标原理

工具校验法是在工作台上寻找一固定点,然后机器人用不同的姿态接近该点,以保证机器人在小范围内精确到达该点。校验就是到达该点的误差越小,即表示设定的工具坐标越准确。通常有 4 点法(TCP 默认方向)、5 点法(TCP 和 Z 轴方向)、6 点法(TCP 和 Z 轴、X 轴方向)。

默认工具(tool0)的工具中心点(TCP)位于机器人安装法兰的中心,如图 2-2 所示,图中的 A 点就是原始的 TCP 点。

图 2-2　默认 TCP 点

现选择 6 点法(TCP 和 Z 轴、X 轴)训练工具坐标的设定。操作原理及步骤如下:

①在机器人工作站内找一个非常精确的固定点作为参考点。

②在工具上确定一个参考点(最好是工具的中心点)。

③工具以 4 个不同的姿态接近参考点并获得 4 点的数据,其中第 4 点为垂直固定参考点,第 5 点为将要设置的 TCP X 方向上的点,第 6 点为将要设定的 TCP 的 Z 方向上的点。

④机器人通过这些点的数据计算得出新的 TCP,并保存在 tooldata 中,可在设置编辑程序时调用。

现以实训室常见的多功能工作站为载体进行工具坐标数据的创建,如图 2-3 所示。

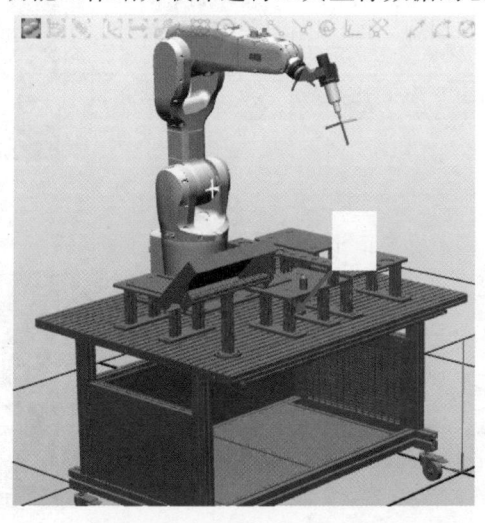

图 2-3　多功能工作站

四、任务实施

操作步骤:

1. 创建工具坐标 tool1

①在示教器的主菜单里单击"手动操纵",如图 2-4 所示。

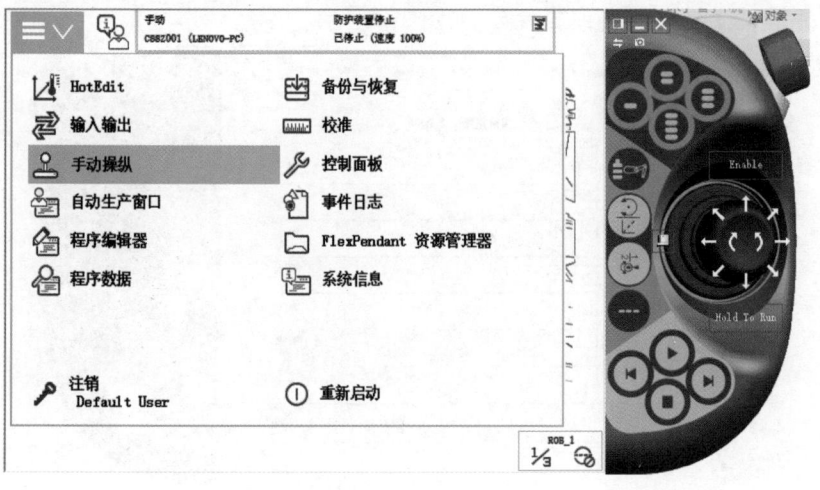

图 2-4　示教器主菜单

②单击"工具坐标",如图 2-5 所示。

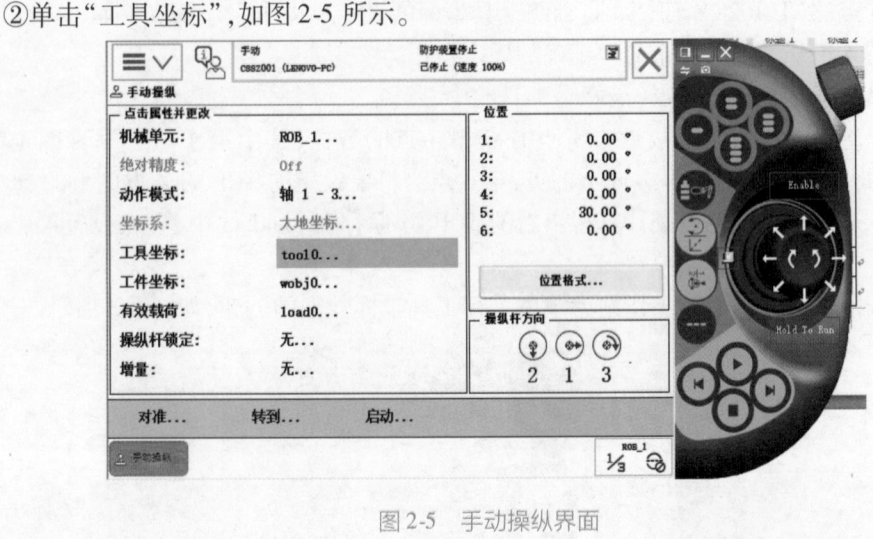

图 2-5　手动操纵界面

③单击"新建"创建工具坐标,如图 2-6 所示。

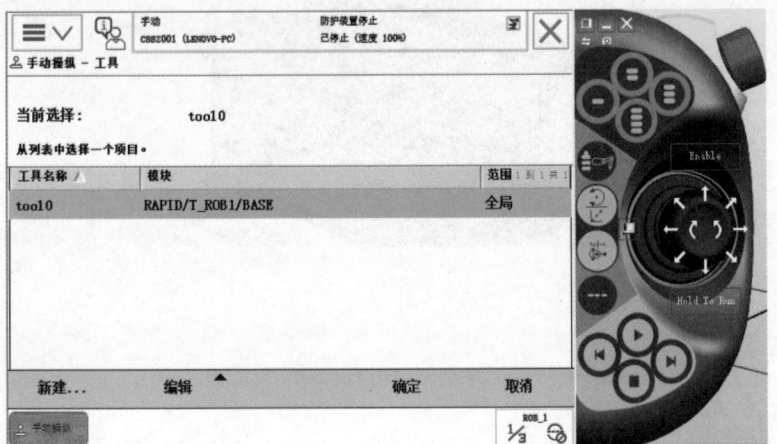

图 2-6　新建工具

④设置新建的工具坐标名称等参数,如图 2-7 所示。

图 2-7　修改工具坐标参数

⑤选择"tool1",单击"编辑"选择"更改值",如图 2-8 所示。

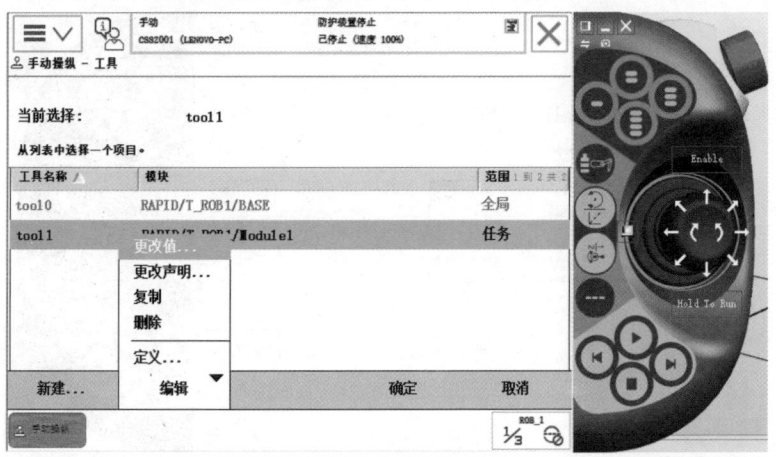

图 2-8　编辑工具

⑥根据实际需要设定质量"mass"参数,然后单击"确定",如图 2-9 所示。

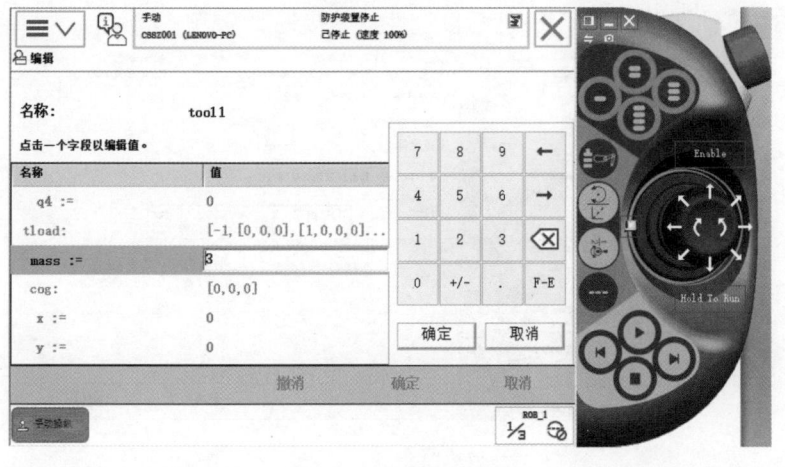

图 2-9　设定工具质量

⑦继续单击"编辑"选择"定义"选项,如图 2-10 所示。

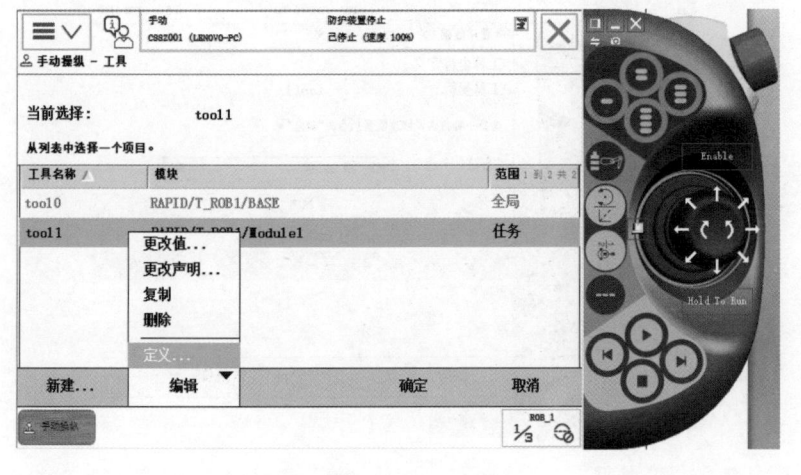

图 2-10　定义工具坐标

⑧在"方法"下选择"TCP 和 Z，X"选项，如图 2-11 所示。

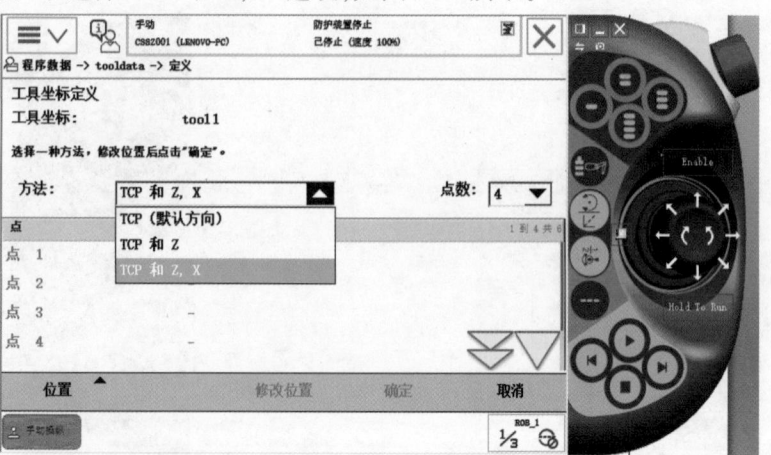

图 2-11　选择定义工具坐标的方法

⑨工具以如图 2-12 所示姿态接近固定参考点，然后单击"修改位置"。
注：首先以单轴调整工具姿态，然后以线性运动接近。

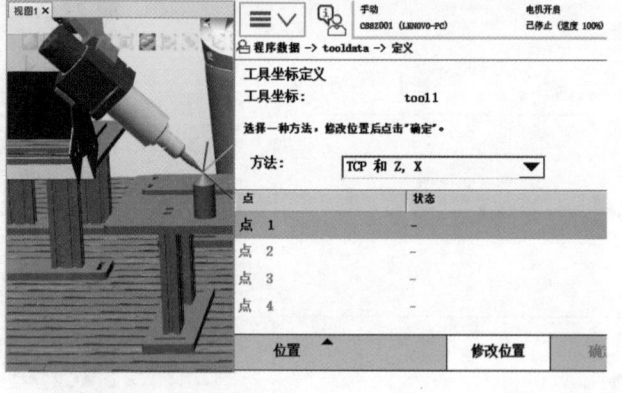

图 2-12　示教第 1 点

⑩以如图 2-13 所示姿态接近目标参考点，单击"修改位置"确定第 2 点位置。

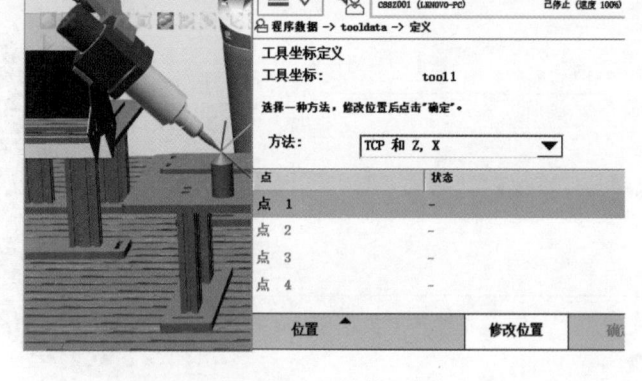

图 2-13　示教第 2 点

⑪以如图 2-14 所示姿态接近目标参考点,然后单击"修改位置"。

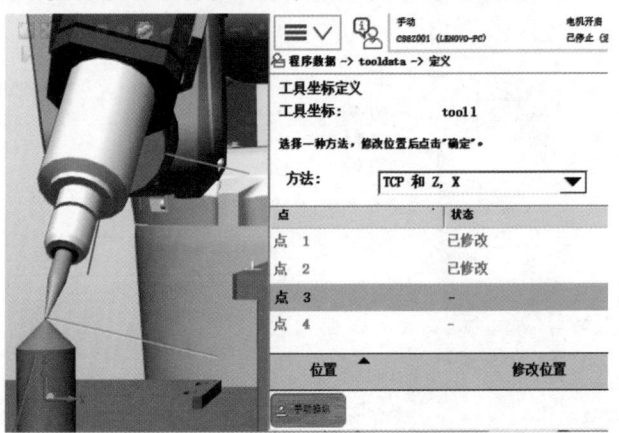

图 2-14　示教第 3 点

说明:3 点的姿态变化尽量相差较大,以有利于工具坐标的精确。

⑫以垂直姿态接近目标参考点,单击"修改位置"确定第 4 点位置,如图 2-15 所示。

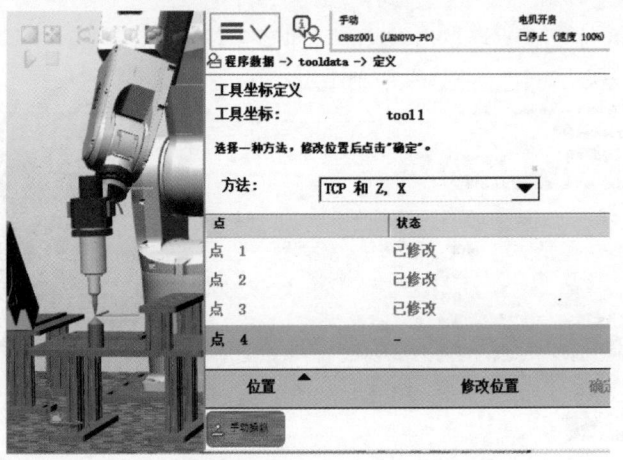

图 2-15　示教第 4 点

⑬如图 2-16 所示方向确定为"延伸器点 X"的位置。

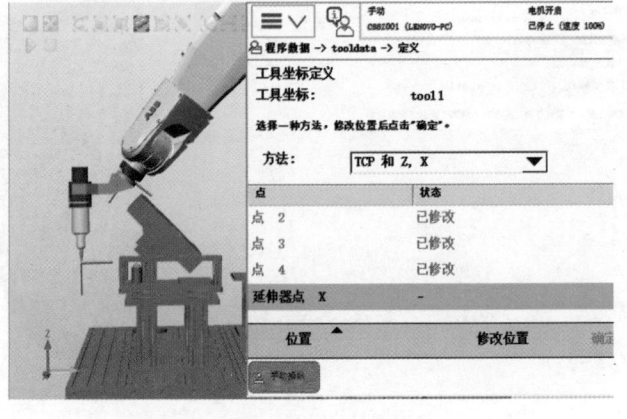

图 2-16　示教延伸器点 X

注:设定的 X 方向与原 TCP(tool0)Y 轴方向一致,在后续验证时应注意观察变化。

⑭图示方向为"延伸器点 Z"轴位置,如图 2-17 所示。

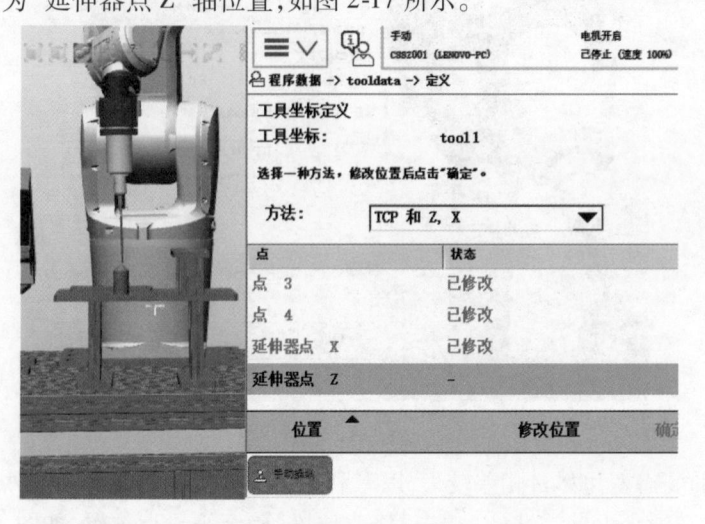

图 2-17　示教延伸器点 Z

⑮完成所有点的位置修改后单击"确定",如图 2-18 所示。

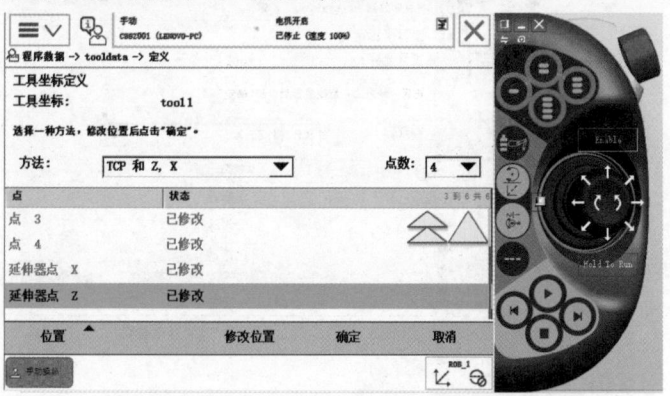

图 2-18　完成所有点的示教

⑯弹出的窗口显示了创建的工具坐标的误差数值,如图 2-19 所示。

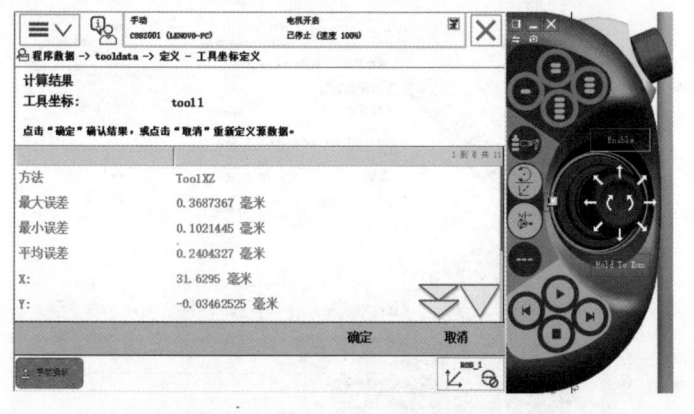

图 2-19　工具坐标误差数值

⑰在工具名称中出现 tool1 的工具坐标,完成创建,如图 2-20 所示。

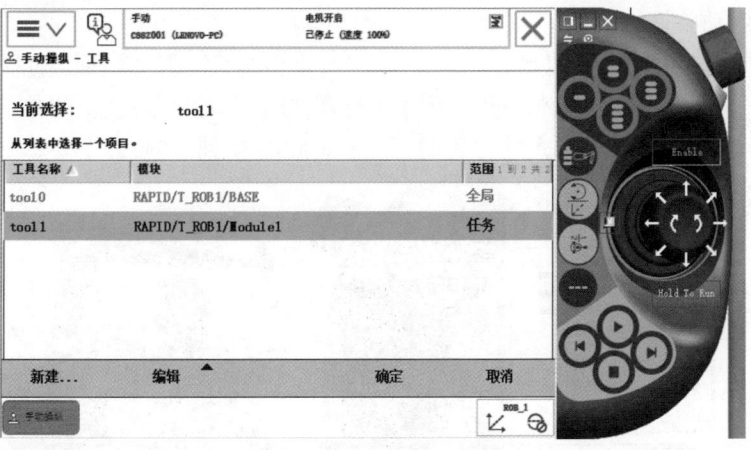

图 2-20　工具坐标创建完成

2. 工具坐标验证

(1)重定位运动验证

在手动操纵模式中选择工具坐标"tool1",如图 2-21 所示。

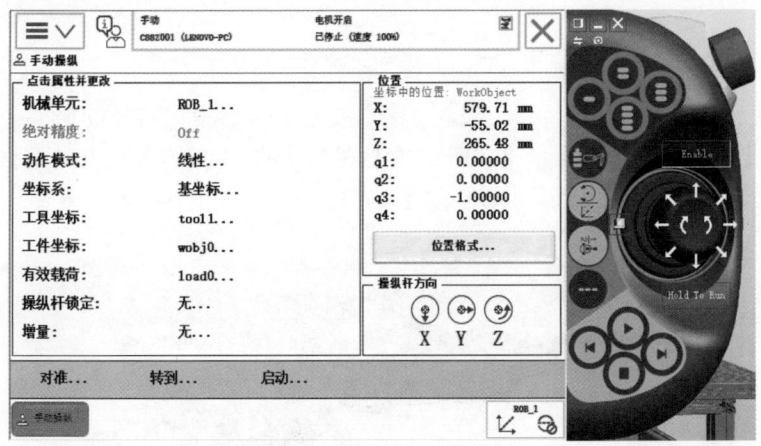

图 2-21　选择工具坐标

重定位运动验证界面如图 2-22 所示。

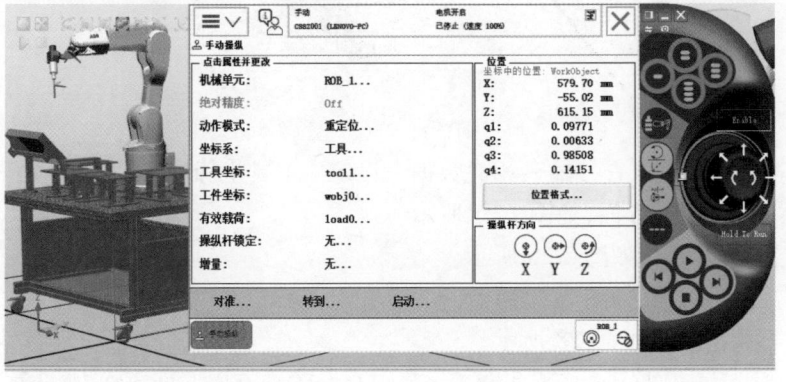

图 2-22　重定位运动验证

在进行重定位验证时,运动将以新建的工具中心点(tool1 的 TCP)做重定位运动。

(2)线性运动验证

同样,进行线性运动也是以新建工具坐标中心点做 XYZ 轴的线性运动。注意观察左边示教器的 XYZ 轴的数据,可发现(正面面对机器人方向)水平方向改变的数值是 Y 的数值。这是因为用户在设定 X 延伸器点的位置时,是原 tool0 的 Y 轴方向,如图 2-23 所示。

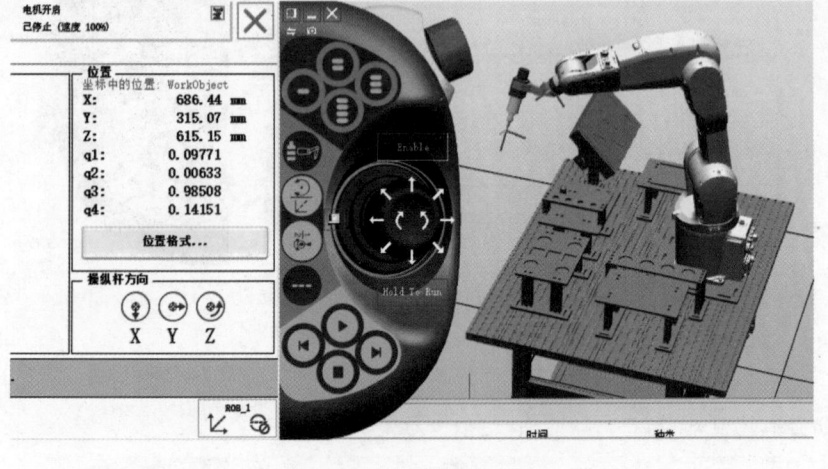

图 2-23　线性运动验证

3. 直接输入法(位置偏移法)

如果已知工具的具体尺寸,可直接输入具体数值。比如用户常见的搬运工具,如图 2-24 所示,用户要设置搬运工具的质量是 30 kg,重心在默认的 tool0 的 Z 正方向偏移 270 mm,TCP 点设在搬运工具接触面上,从默认 tool0 上的 Z 正方向偏移了 300 mm。

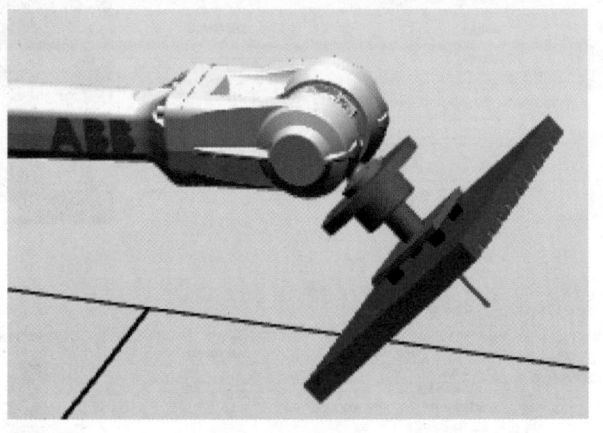

图 2-24　搬运工具

通过示教器用户可以直接输入相关数据来设定该工具坐标。

①打开"手动操纵"界面,如图 2-25 所示。

②选择"工具坐标",如图 2-26 所示。

③单击"新建"选项,如图 2-27 所示。

④单击"初始值",如图 2-28 所示。

⑤根据搬运工具数据进行参数设置,TCP 中心点 Z 轴方向偏移 300,如图 2-29 所示。

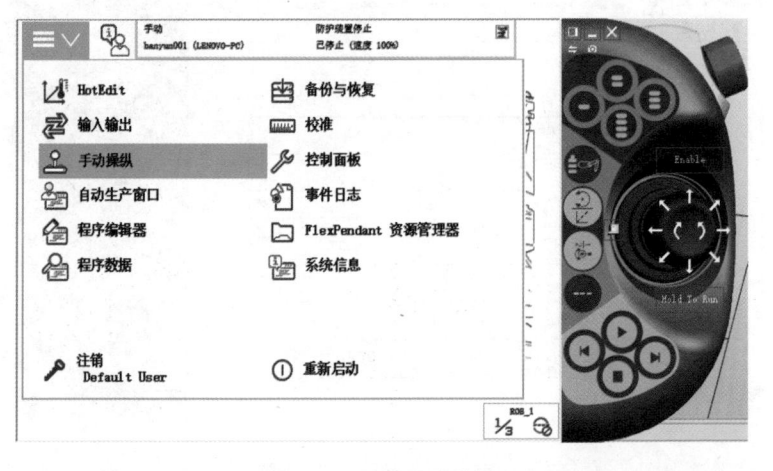

图 2-25 示教器主菜单

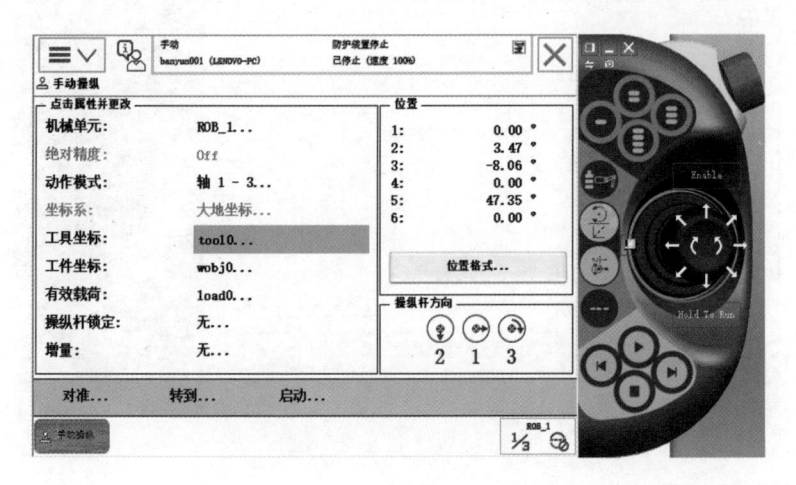

图 2-26 手动操纵界面

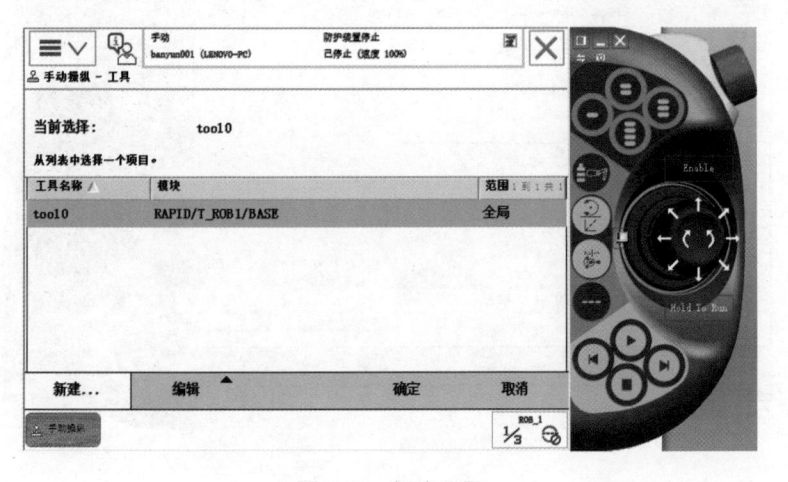

图 2-27 新建工具

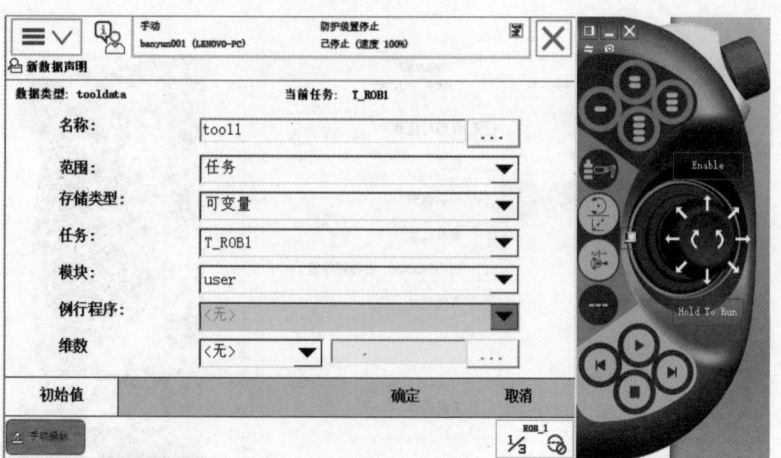

图 2-28　修改工具坐标参数

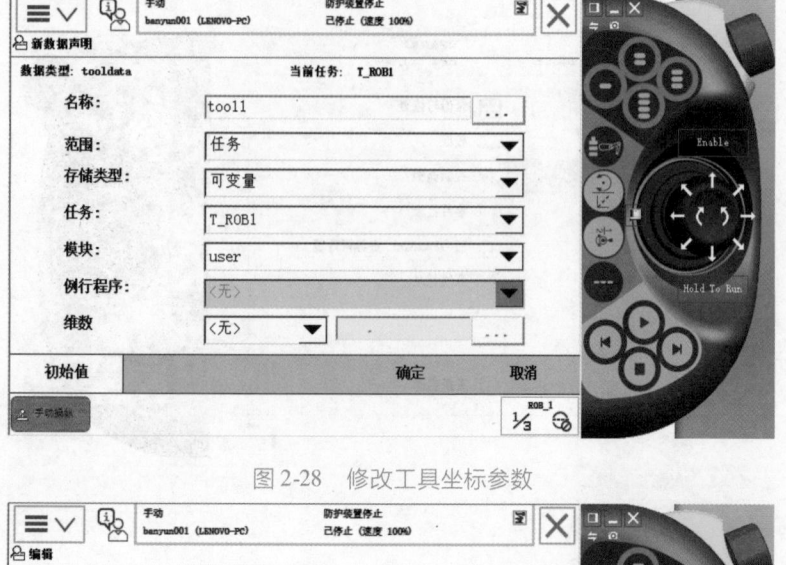

图 2-29　设置 Z 轴方向上的偏移量

⑥质量参数设置为"30 kg"，如图 2-30 所示。

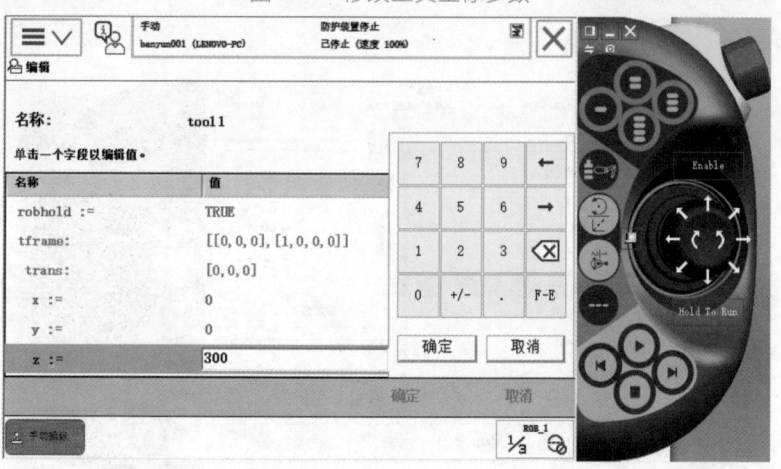

图 2-30　设置工具质量

⑦将重心偏移值设为"270 mm"，如图 2-31 所示。

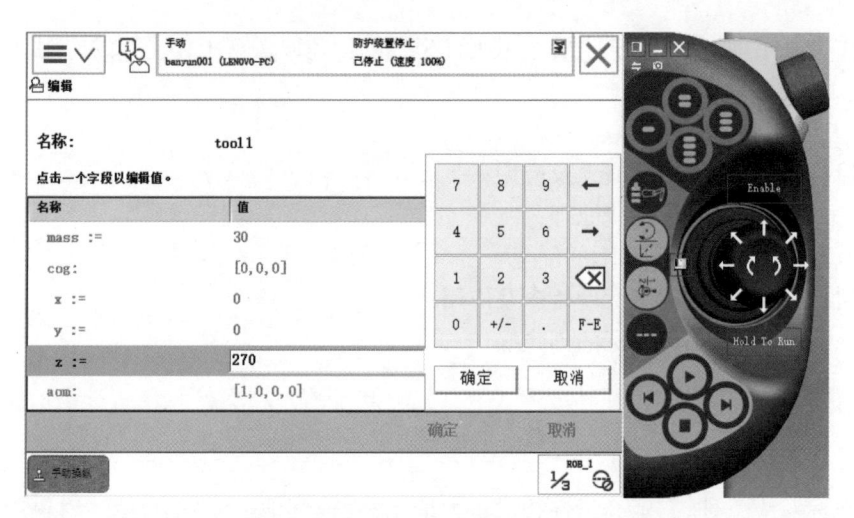

图 2-31 设置工具的重心偏移量

⑧完成后的新工具坐标如图 2-32 所示,可以参照操作步骤②中的工具坐标验证方法进行相关验证。

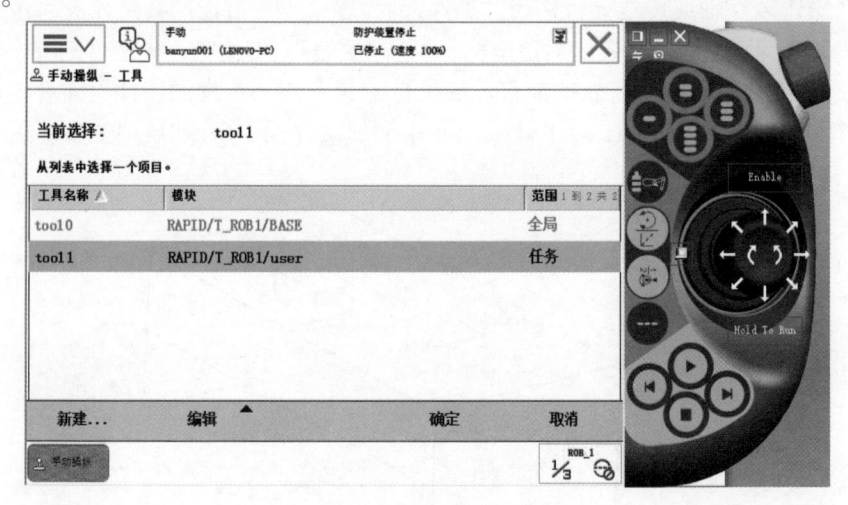

图 2-32 工具坐标创建完成

五、思考与练习

1. 工具坐标创建的方法是什么?
2. 在给机器人创建工具坐标时,需要注意什么?
3. 选择任意参照物创建工具坐标 tool2。

任务二 工件坐标设定

一、任务描述

机器人可以拥有若干工件坐标系,以表示不同工件,或者同一工件不同的位置。用户在进行重新定位工作站中的工件时,只需要更改工件坐标的位置,所有路径将随之更新,这为机器人的操作带来了便利,本任务主要学习工件坐标的创建以了解工件坐标的应用。

二、任务目标

知识目标:1.工件坐标的概念及应用;
　　　　　2.工件坐标创建原理;
　　　　　3.工件坐标tool1的创建。
技能目标:1.掌握工件坐标的概念及应用;
　　　　　2.掌握工件坐标的创建操作。

三、知识储备

1.工件坐标的作用

工件坐标对应工件,它定义工件相对于大地坐标(或其他坐标)的位置。对机器人进行编程时就是在工件坐标中创建目标和路径。工件坐标编程具有下述特点。

①重新定位工作站中的工件时,只需要更改工件坐标的位置,所有路径将立即随之更新。
②允许操作以外轴或传送导轨移动的工件,因为整个工件可连同其路径一起移动。

如图2-33所示,A是机器人的大地坐标,为了方便编程,即给第一个工件建立一个工件坐标B,并在这个工件坐标内进行轨迹编程。如果台上还有一个一样的工件也需要走相同的轨迹,即只要建立一个工件坐标C,将工件坐标B中的轨迹复制一份,然后把工件坐标从B更新为C即可,不需要再次编程。

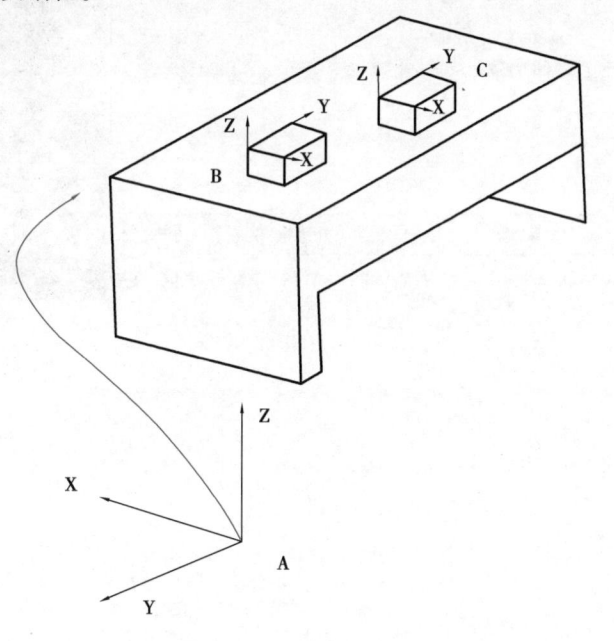

图2-33　工件坐标应用1

如图2-34所示,如果工件坐标B中对A对象进行了轨迹编程,当工件坐标的位置变换成工件坐标D后,只需要在机器人系统重新定义工件坐标D即可。因为A相对于B,C相对于D的关系是一样的,只是整体发生了偏移。

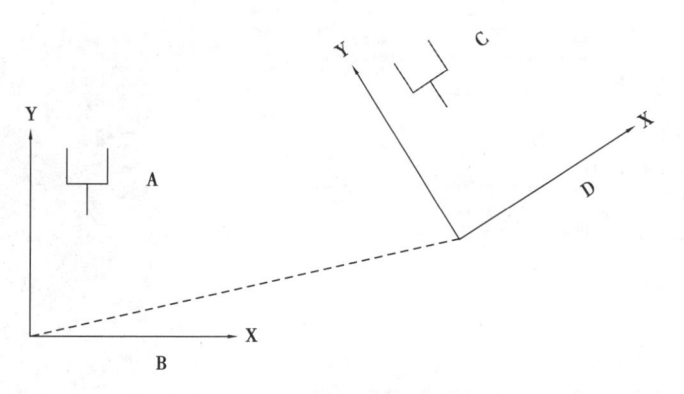

图 2-34 工件坐标应用 2

2. 设定工件坐标

设定工件坐标的原理如下所述。

设定 X1、X2、Y1 这 3 个点。X1 与 X2 之间的直线确定工件坐标的 X 方向，X1 是起点，到 X2 是正方向。X1 与 Y1 之间的直线确定工件坐标的 Y 方向，X1 是起点，到 Y1 是正方向，如图 2-35 所示。

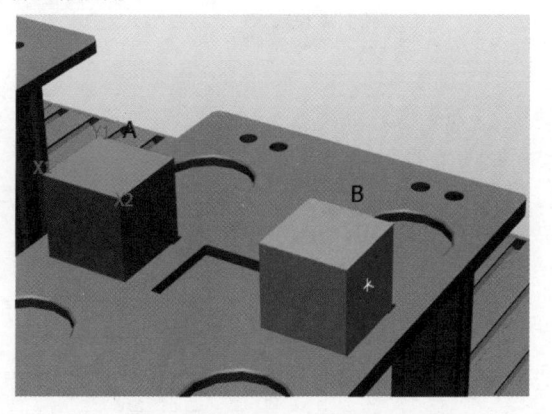

四、任务实施

1. 创建工件坐标 wobj0

操作步骤：

①单击"工件坐标"，如图 2-36 所示。

图 2-35 物块 A 工件坐标创建示意图

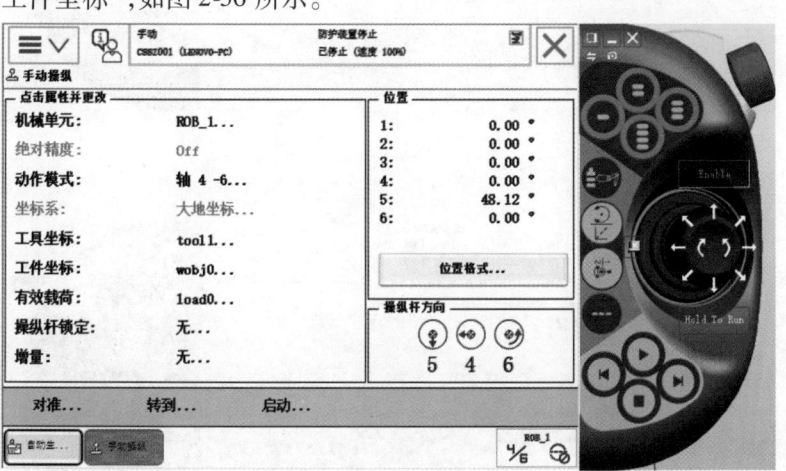

图 2-36 手动操纵界面

②单击"新建"，如图 2-37 所示。

③对工件坐标名称等参数进行设置，如图 2-38 所示。

④选中新建的工件坐标 wobj1，选择"编辑"选项中的"定义"，如图 2-39 所示。

⑤选择"用户方法"中的"3 点"定义工件坐标，如图 2-40 所示。

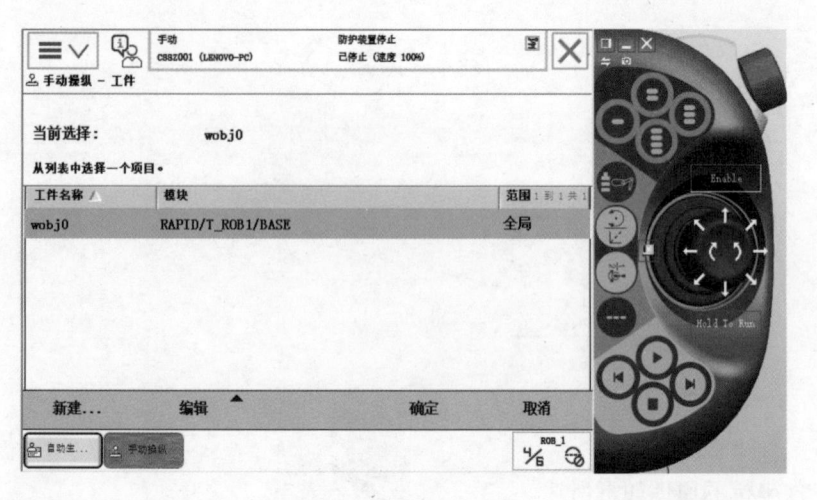

图 2-37 新建工作坐标

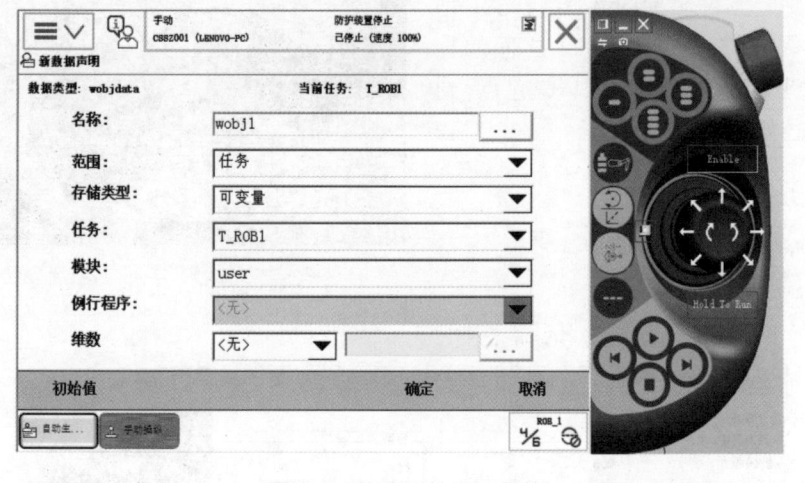

图 2-38 修改工件坐标参数

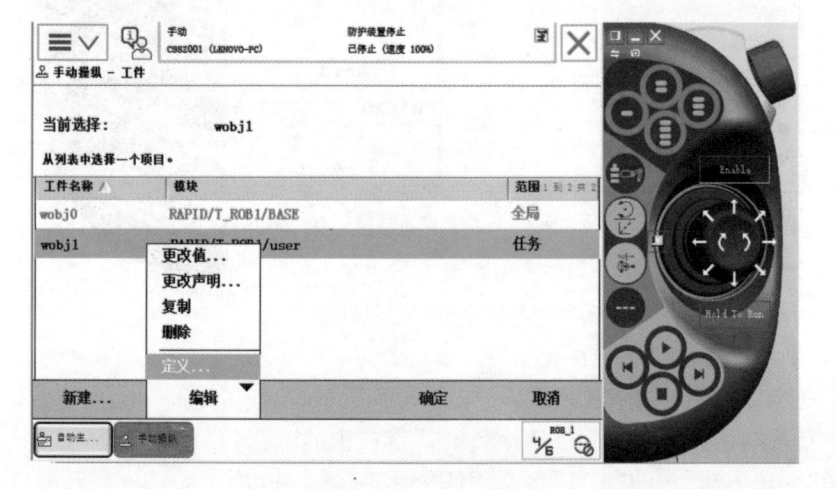

图 2-39 定义工件坐标

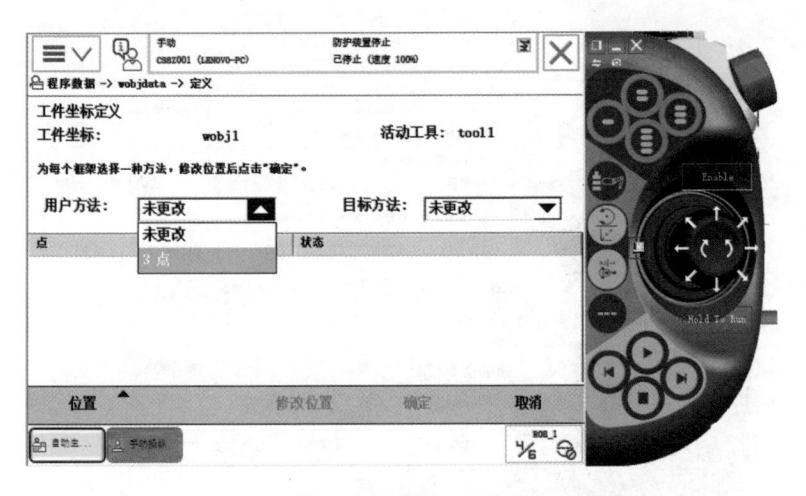

图 2-40　选择 3 点法

⑥以合适的手动操作方法接近物块 A 的第一个点 X1，如图 2-41 所示，然后单击"修改位置"。

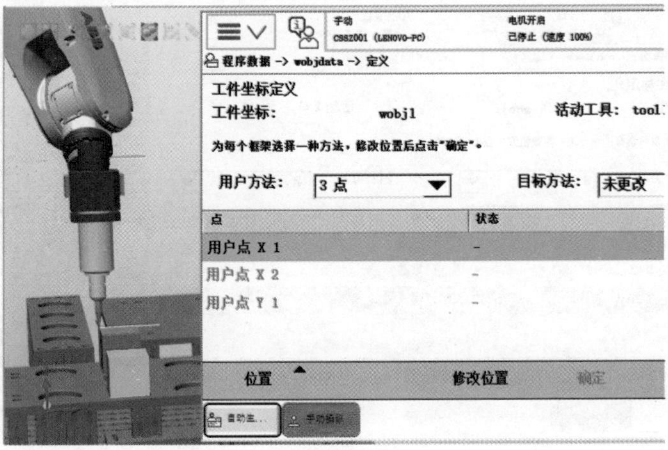

图 2-41　示教 X1 点

⑦以如图 2-42 所示姿态接近 X2，然后单击"修改位置"，如图 2-42 所示。

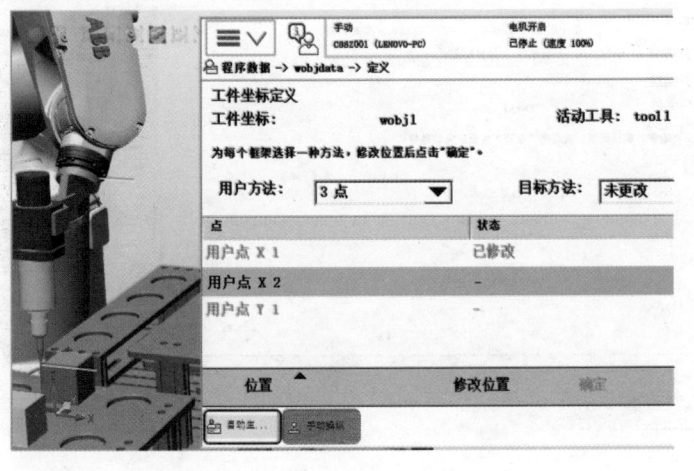

图 2-42　示教 X2 点

57

⑧以如图 2-43 所示姿态接近"Y1",单击"修改位置"。

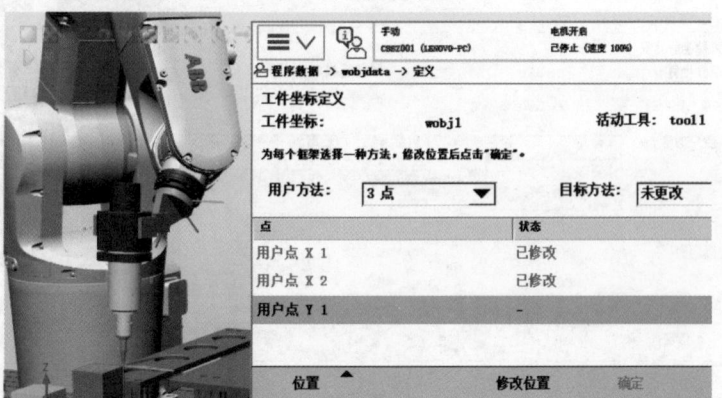

图 2-43　示教 Y1 点

⑨在 3 个点定义完成后单击"确定",如图 2-44 所示。

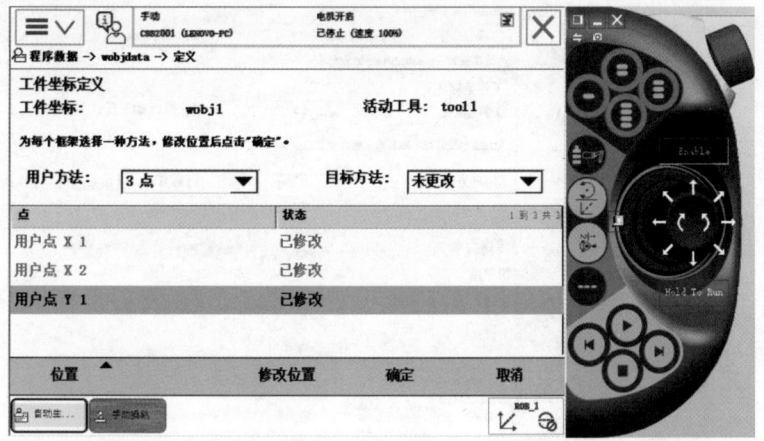

图 2-44　点示教完成

⑩显示定义的参数,如图 2-45 所示。

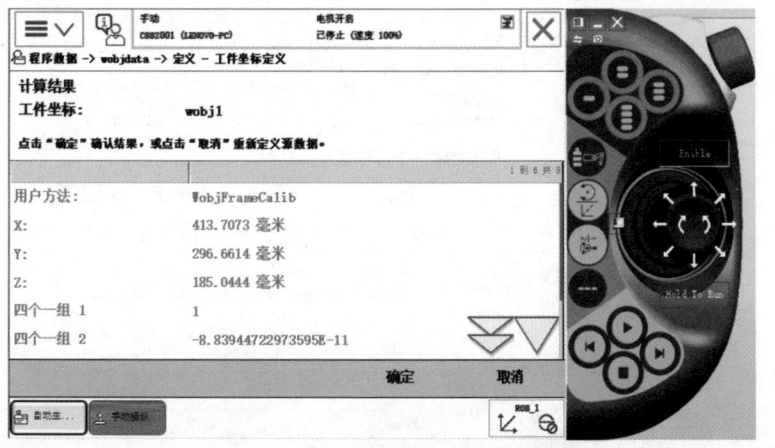

图 2-45　工件坐标参数

⑪建立好的工件坐标在编程时可根据需要调用,如图 2-46 所示。

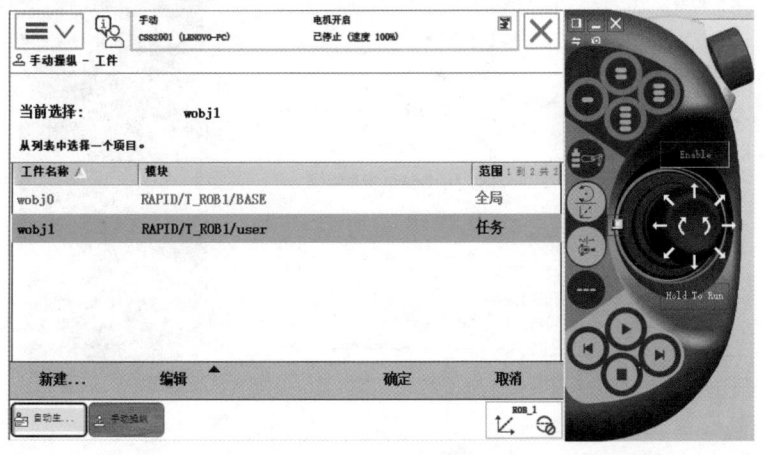

图 2-46 完成工件坐标创建

2. 验证与应用

用户可以通过建立简单的轨迹运行来验证工件坐标的建立以及了解其运用特点,如图 2-47所示。在物块 A 的上表面建立了工件坐标,创建运行轨迹从 A1→A2→A3→A4,然后回到机械原点,创建程序如图 2-48 所示。

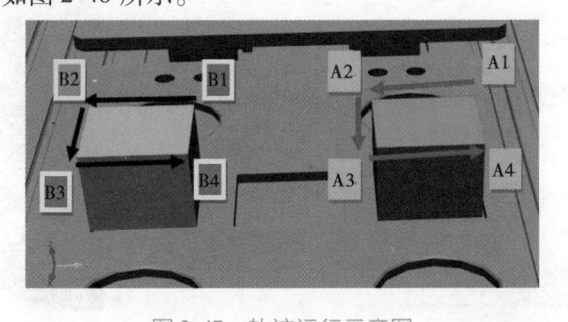

图 2-47 轨迹运行示意图

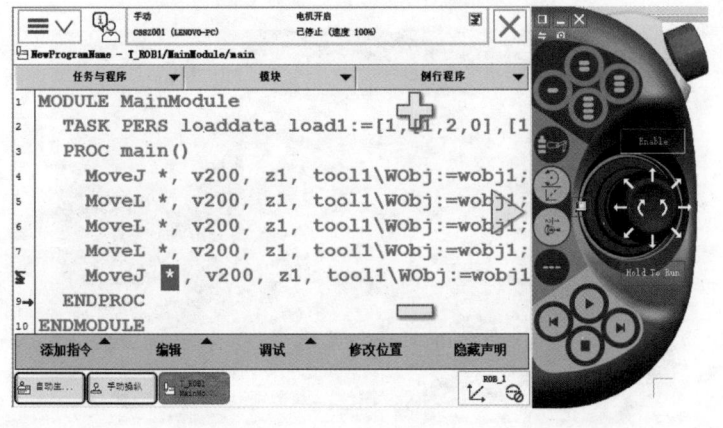

图 2-48 创建程序

当用户需要机器人运行轨迹从 B1→B2→B3→B4 时,不需要再重新示教或者手动编辑程序,用户只需要重新定义工件坐标即可,具体操作如下所述。

选择手动操纵模式如图 2-49 所示。

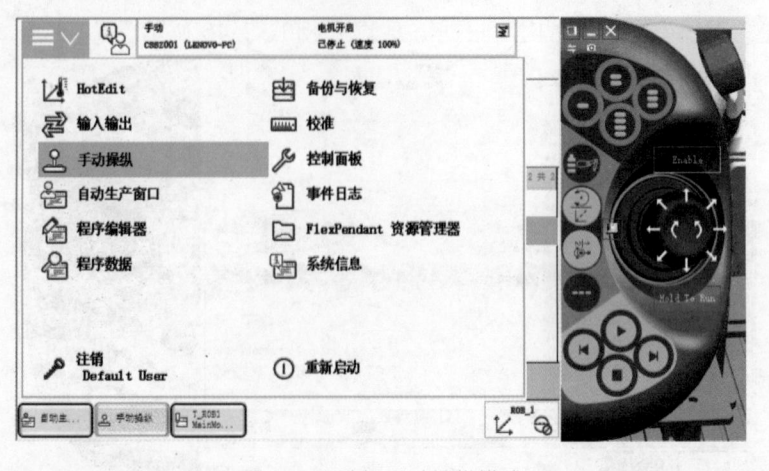

图 2-49　选择手动操纵模式

选中之前定义的 wobj1,然后单击"编辑"选择"定义",其操作方法与之前一样,利用 3 点法创建工件坐标,选择的点分别改为物块 B 上的 X1′、X2′、Y1′,如图 2-50 至图 2-53 所示。

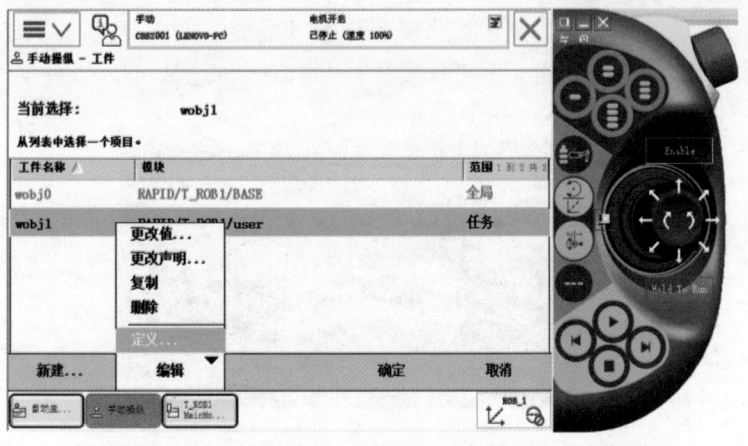

图 2-50　wobj1 重新定义

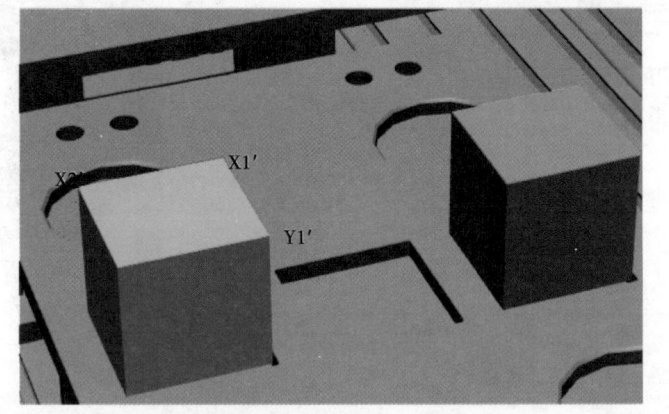

图 2-51　建立新的工件坐标

在重新定义完成后,用户在调试程序时会发现,轨迹将自动从物块 A 的 A1→A2→A3→A4 偏移到物块 B 的 B1→B2→B3→B4 运行轨迹,如图 2-53 所示。

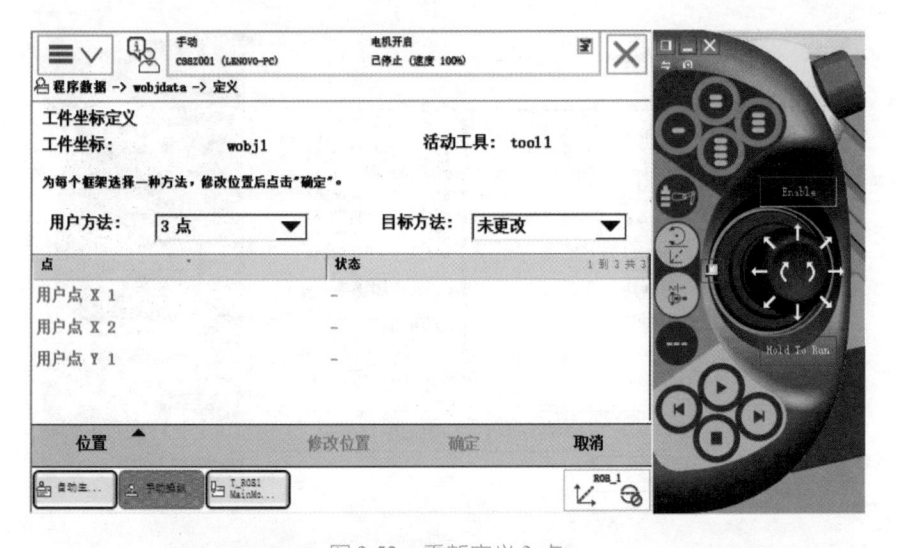

图 2-52　重新定义 3 点

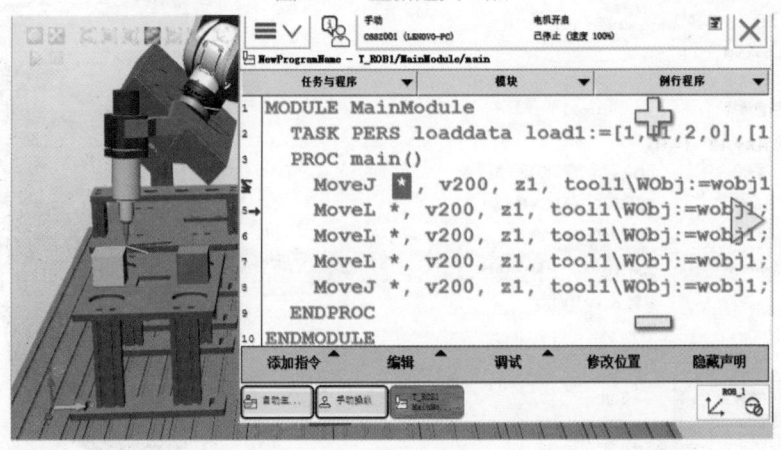

图 2-53　在新的共建坐标下运行

注：有时候用户在运行程序时，会出现如图 2-54 所示的错误提示界面，这时用户需要对参数进行定义，如图 2-55 至图 2-57 所示。

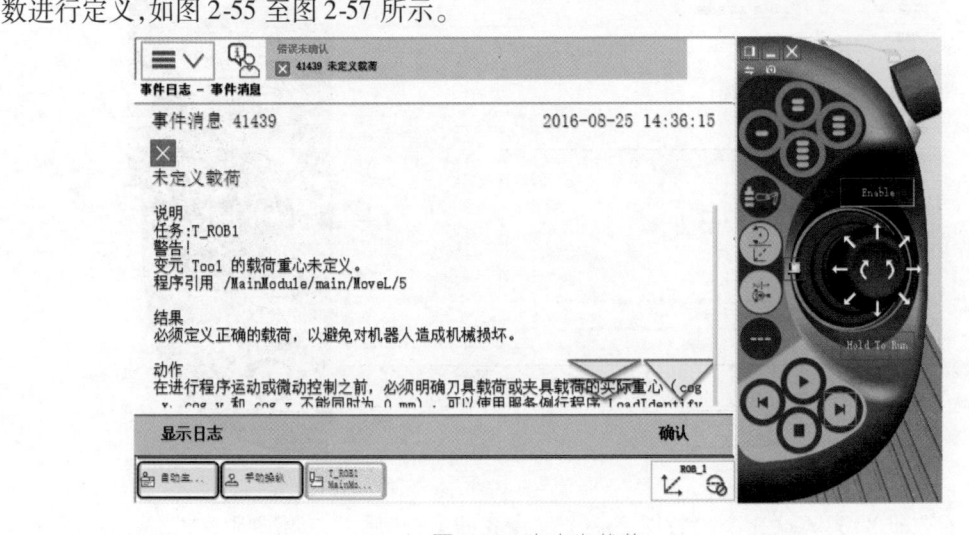

图 2-54　未定义载荷

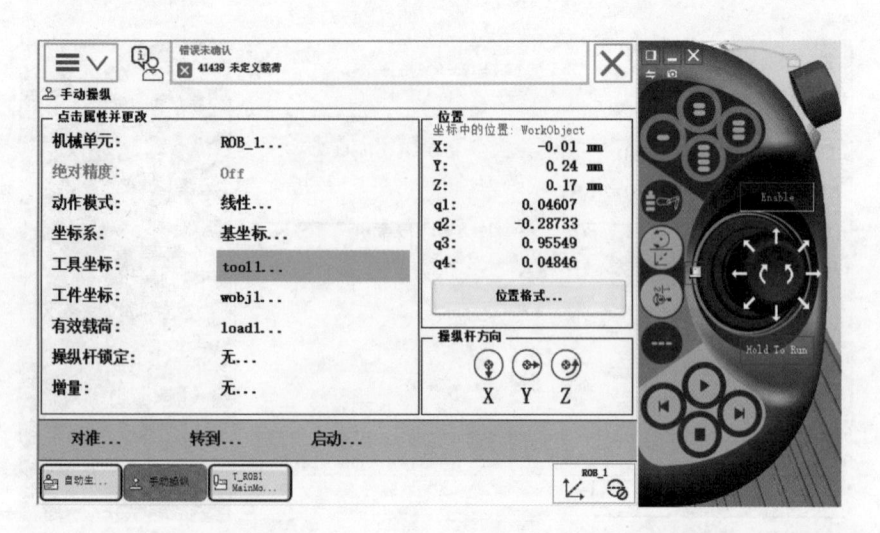

图 2-55　进入工具坐标界面

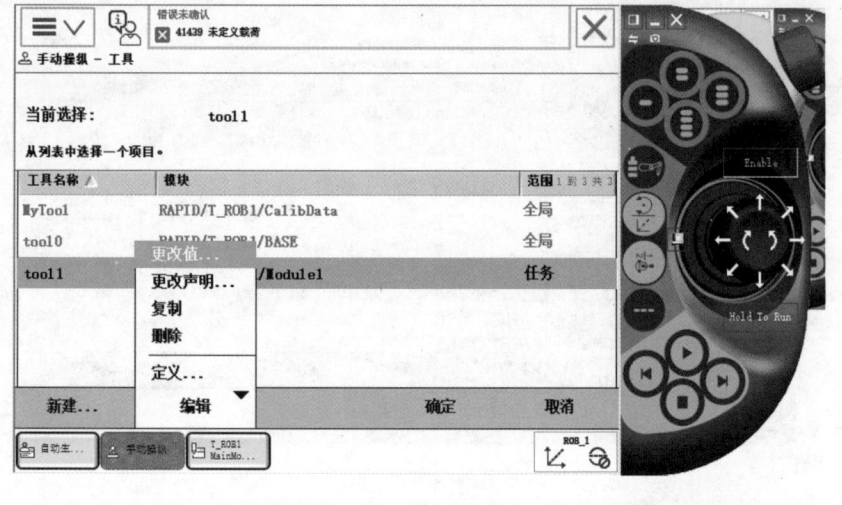

图 2-56　选择更改值

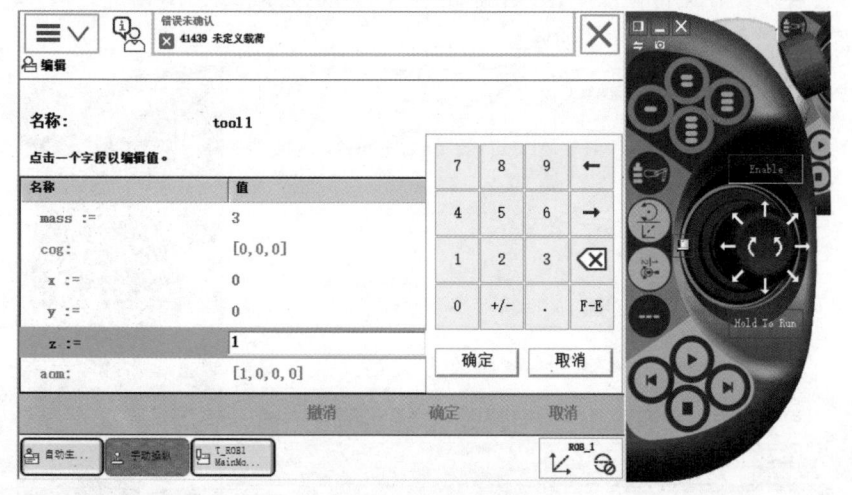

图 2-57　按照图示修改

修改重心即 X、Y、Z 这 3 个参数任意一个不为 0 即可,然后再去调试程序,如图 2-57 所示。

五、思考与练习

1. 手动操纵设置工件坐标时需要注意什么问题？怎样才能使工件坐标设置得精确？
2. 工件坐标有什么作用？
3. 使用 3 点法创建工件坐标 wobj2。

任务三　有效载荷设定

一、任务描述

对于搬运应用的机器人，需要正确设定夹具的质量和重心以及搬运对象的质量和重心数据。本任务通过对工具和工件有效载荷的设定，掌握有效载荷的设定方法及应用。

二、任务目标

知识目标：1. 有效载荷的概念及应用；
　　　　　　2. 有效载荷的创建。
技能目标：1. 掌握有效载荷的概念及应用；
　　　　　　2. 掌握有效载荷的创建操作。

三、知识储备

1. 有效载荷的作用

对于搬运应用机器人等，应该正确设定夹具的质量、重心 tooldata 以及搬运对象的质量和重心数据 loaddata，ABB 搬运机器人如图 2-58 所示。

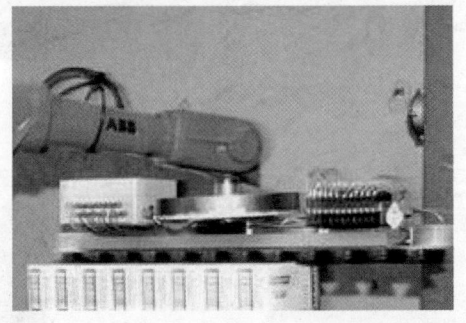

图 2-58　ABB 搬运机器人

2. 有效载荷参数的内容及应用

需根据实际情况对有效载荷的数据进行设置，各个参数所代表的含义见表 2-1。

表 2-1　参数含义

名　称	参　数	单　位
有效载荷质量	load. mass	kg
有效载荷重心	load. cog. x	
	load. cog. y	
	load. cog. z	

续表

名　　称	参　数	单　位
力矩轴方向	load. aom. q1 load. aom. q2 load. aom. q3 load. aom. q4	
有效载荷的转动惯量	ix iy iz	$kg \cdot m^2$

四、任务实施

有效载荷设置方法的操作步骤：

①单击"有效载荷"，如图2-59所示。

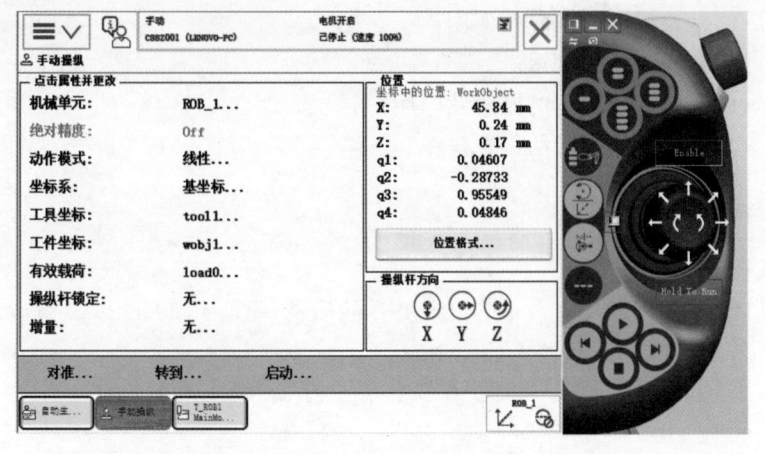

图2-59　手动操纵界面

②单击"新建"，如图2-60所示。

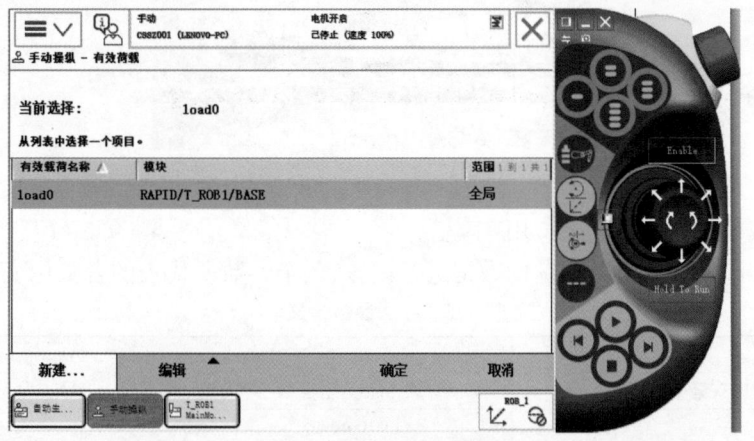

图2-60　创建有效载荷

③对"名称"等参数进行设置,如图 2-61 所示。

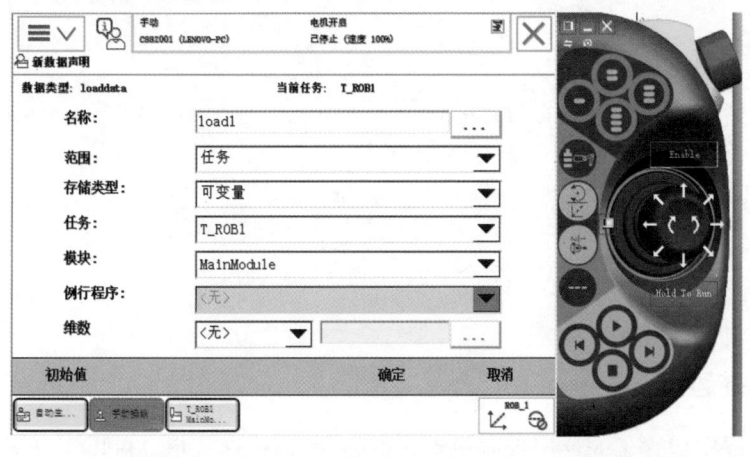

图 2-61 有效载荷参数设置

④选择新建的有效载荷"load1",单击"编辑"选项中的"更改值",如图 2-62 所示。

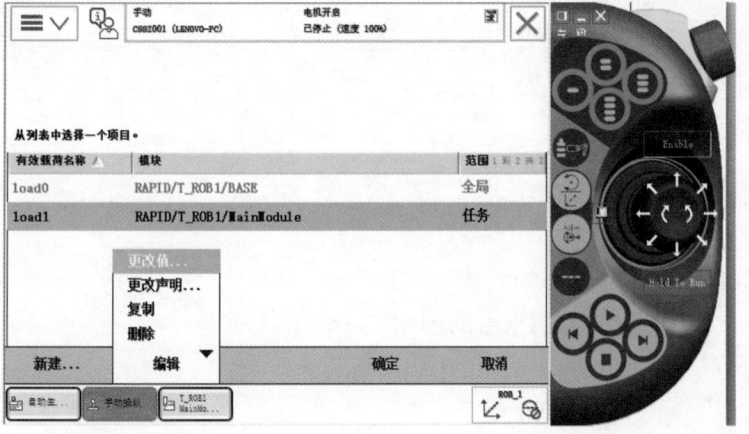

图 2-62 编辑有效载荷

⑤对质量和重心进行设置,如图 2-63 所示。

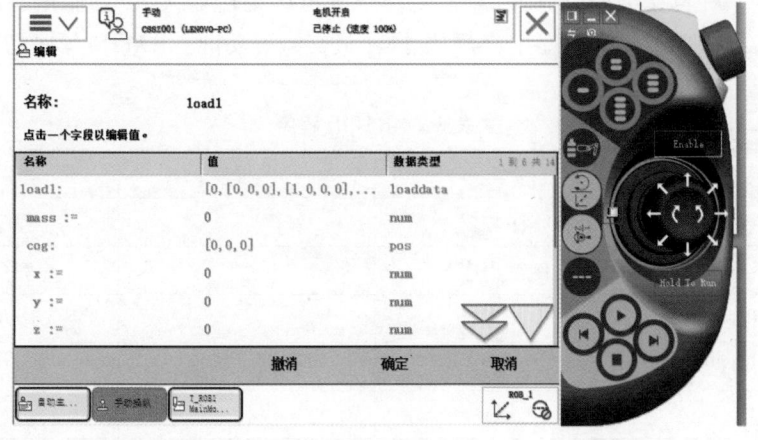

图 2-63 设置质量和重心

注:有效载荷的数据应根据实际情况进行设定。在 RAPID 编程中,需要对有效载荷的情

况进行实时调整。

五、思考与练习

1. 简述机器人工具有效载荷的测量。
2. 有效载荷在 RAPID 程序中怎么应用?
3. 利用 ABB 机器人创建搬运夹具的有效载荷。

任务四　RAPID 程序及指令

一、任务描述

RAPID 程序中包含了一连串控制机器人的指令,执行这些指令可以实现对机器人的控制操作,本任务将进行以下练习。

➢ 构建 RAPID 基本程序;
➢ ABB 常用基本指令的创建;
➢ ABB 常用指令编程应用。

二、任务目标

知识目标:1. RAPID 程序架构;
　　　　　2. ABB 常用指令。

技能目标:1. 掌握主程序框架的建立;
　　　　　2. 掌握 ABB 常用指令的创建;
　　　　　3. 掌握 ABB 常用指令的应用。

三、知识储备

1. RAPID 程序

RAPID 是一种英文编程语言,所包含的指令既可移动机器人、设置输出、读取输入,又能实现决策、重复其他指令、构造程序、与系统操作员交流等功能。RAPID 程序的基本架构见表2-2。

表 2-2　RAPID 程序

程序模块 1	程序模块 2	程序模块 3	系统模块
程序数据	程序数据	…	程序数据
主程序 main	例行程序	…	例行程序
例行程序	中断程序	…	中断程序
中断程序	功能	…	功能
功能		…	

RAPID 程序的架构说明如下所述。

①RAPID 程序是由程序模块与系统模块组成。一般来说,可以通过新建程序模块来构建机器人程序,而系统模块多用于系统方面的控制。

②根据不同的用途可以创建多个程序模块。

③每个程序模块包含程序数据、例行程序、中断程序和功能 4 种对象,但不一定在一个模块中都有这 4 种对象,程序模块之间的数据、例行程序、中断程序和功能是可以相互调用的。

④在 RAPID 程序中,只有一个主程序 main,并且存在于任意一个程序模块中,并且是作为整个 RAPID 程序执行的起点。

2. ABB 常用指令

1)3 个基本运动指令

(1)运动指令——MoveJ

MoveJ［\Conc,］ToPoint, Speed［\V］|［\T］, Zone［\Z］［\Inpos］, Tool［\WObj］;

［\Conc］:协作运动开关。(switch)

ToPoint:目标点,默认为 ＊。(robtarget)

Speed:运行速度数据。(speeddata)

［\V］:特殊运行速度 mm/s。(num)

［\T］:运行时间控制 s 。(num)

Zone:运行转角数据。(zonedata)

［\Z］:特殊运行转角 mm。(num)

［\Inpos］:运行停止点数据。(stoppointdata)

Tool:工具中心点 (TCP)。(tooldata)

［\Wobj］:工件坐标系。(wobjdata)

应用:机器人以最快捷的方式运动至目标点,机器人运动状态不完全可控,但运动路径保持唯一,常用于机器人在大范围空间的移动。

如下运动轨迹实例:

MoveJ p1,v2000,fine,grip1;

MoveJ\Conc,p1,v2000,fine,grip1;

MoveJ p1,v2000\V:＝2200,z40\Z:＝45,grip1;

MoveJ p1,v2000,z40,grip1\WObj:＝wobjTable;

MoveJ p1,v2000,fine\Inpos:＝inpos50,grip1;

运动轨迹实例如图 2-64 所示。

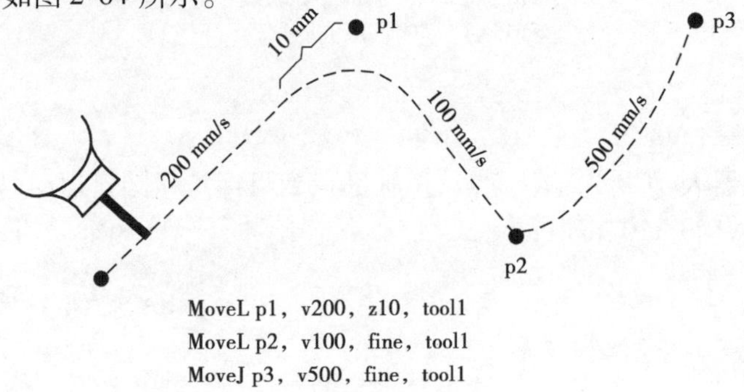

MoveL p1,　v200,　z10,　tool1
MoveL p2,　v100,　fine,　tool1
MoveJ p3,　v500,　fine,　tool1

图 2-64　运动轨迹实例

（2）运动指令——MoveL

MoveL［\Conc,］ToPoint, Speed［\V］|［\T］, Zone［\Z］［\Inpos］, Tool［\WObj］［\Corr］;

［\Conc］:协作运动开关。（switch）

ToPoint:目标点,默认为 ＊ 。（robtarget）

Speed:运行速度数据。（speeddata）

［\V］:特殊运行速度 mm/s。（num）

［\T］:运行时间控制 s 。（num）

Zone:运行转角数据。（zonedata）

［\Z］:特殊运行转角 mm。（num）

［\Inpos］:运行停止点数据。（stoppointdata）

Tool:工具中心点（TCP）。（tooldata）

［\Wobj］:工件坐标系。（wobjdata）

［\Corr］:修正目标点开关。（switch）

应用:机器人以线性移动方式运动至目标点,当前点与目标点两点决定一条直线,机器人运动状态可控,运动路径保持唯一,可能出现死点,常用于机器人在工作状态移动。

运动轨迹实例如下:

MoveL p1,v2000,fine,grip1;

MoveL\Conc,p1,v2000,fine,grip1;

MoveL p1,v2000\V:=2200\Z:=45,grip1;

MoveL p1,v2000,z40,grip1\WObj:=wobjTable;

MoveL p1,v2000,fine\Inpos:=inpos50,grip1;

MoveL p1,v2000,fine,grip1\Corr;

MoveL p1, v200, z10, tool1
MoveL p2, v100, fine, tool1
MoveJ p3, v500, fine, tool1

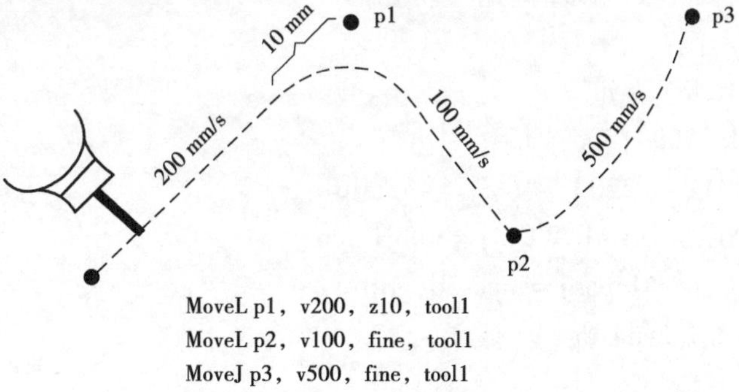

图 2-65　运动轨迹实例

（3）运动指令——MoveC

圆弧指令使机器人 TCP 末端从起点,过辅助点到目标点做圆弧运动,如图 2-66 所示。

MoveC p1,p2,v100,z10,tool1;

MoveC:圆周运动;

p1:圆弧辅助点;

p2:圆弧目标点;

v100:运行速度数据,100 mm/s;

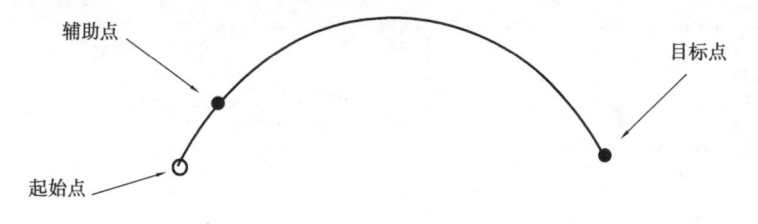

图 2-66　圆弧运动原理

z10：运行转角数据，10 mm；

tool1：工具 tool1 中心点(TCP)；

2）其他指令

（1）延时指令——WaitTime

WaitTime［\InPos，］Time；

［\InPos］：程序运行提前量开关。（ switch ）

Time：相应等待时间 s。（ num ）

应用：当前指令只用于机器人等待相应时间后才执行以后指令，使用参变量［\InPos］，机器人及其外轴必须在完全停止的情况下才进行等待时间计时，此指令会延长循环时间。

应用实例如下：

WaitTime 3；

WaitTime\InPos，0.5；

WaitTime\InPos，0；

限制：当前指令在使用参变量［\InPos］时，遇到程序突然停止运行，机器人不能保证其停在最终停止点进行等待计时。

当前指令参变量［\InPos］不能与机器人指令 SoftServo 同时使用。

（2）输入输出指令——Set

Set Signal；

Signal：机器人输出信号名称。（ signaldo ）

应用：将机器人相应数字输出信号值置为 1，与指令 Reset 对应，是自动化重要组成部分。

实例：

Set do12；

将一个输出信号赋值为 1，在输出信号名相应 I/O 板的相应信号端口输出直流 24 V 电压。

（3）输入输出指令——Reset

Reset Signal；

Signal：机器人输出信号名称。（ signaldo ）

应用：将机器人相应数字输出信号值置为 0，与指令 Set 对应，是自动化重要组成部分。

实例：

Reset do12；

将一个输出信号赋值为 0，在输出信号名相应 I/O 板的相应信号端口没有直流 24 V 电压输出。

（4）输入输出指令——PulseDO

PulseDO［\High］［\PLength］Signal；

［\High］：输出脉冲时，输出信号可以处在高电平。（ switch ）

［\Plength］：脉冲长度，0.1 ~ 32 s，默认值为 0.2 s。（num）

Signal：输出信号名称。（signaldo）

应用：机器人输出数字脉冲信号，一般作为运输链完成信号或计数信号。

应用实例（图 2-67）：

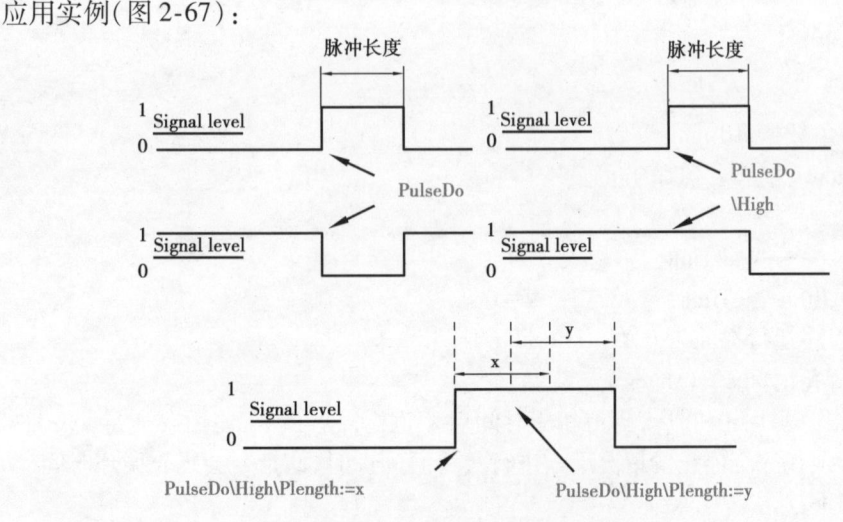

图 2-67　机器人数字脉冲信号应用

限制：机器人脉冲输出长度小于 0.01 s，系统将报错，不得不进行热启动。

例如：

```
WHILE TRUE DO
PulseDO do5 ;
ENDWHILE
```

四、任务实施

1. 程序模块创建

①单击左上角图标，选择"程序编辑器"，打开程序编辑器，如图 2-68 所示。

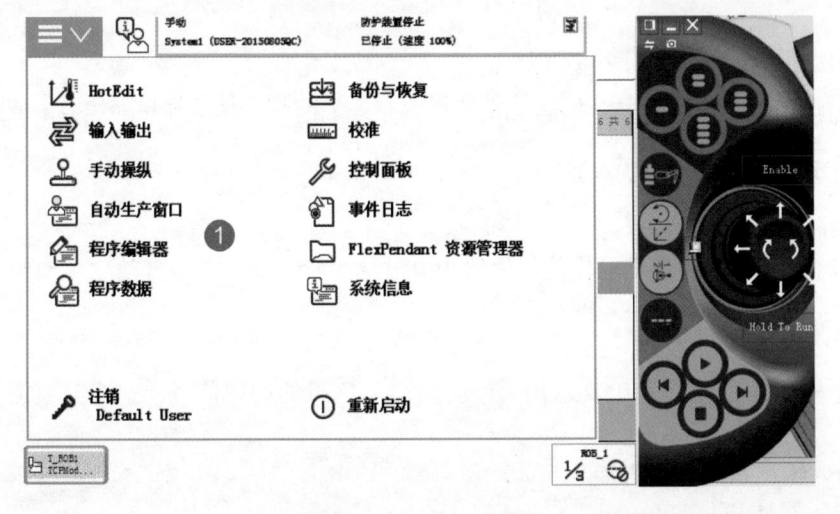

图 2-68　示教器主菜单

②单击"取消",进入模块列表画面,如图 2-69 所示。

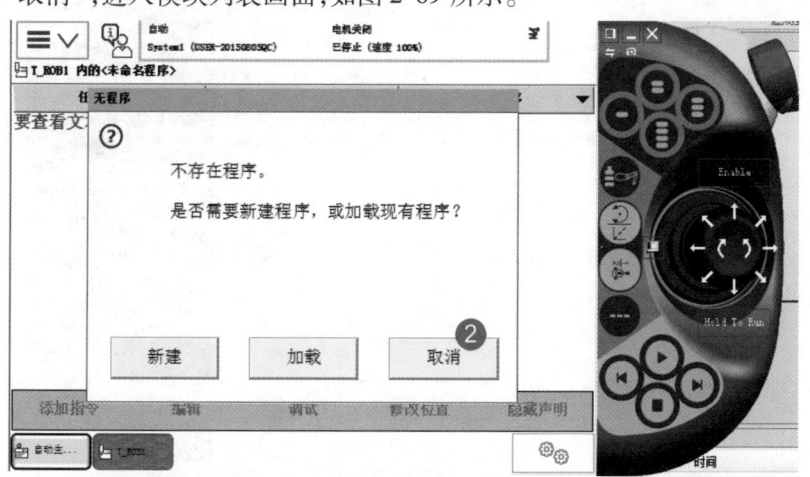

图 2-69　选择"取消"

③单击"文件",选择"新建模块",如图 2-70 所示。

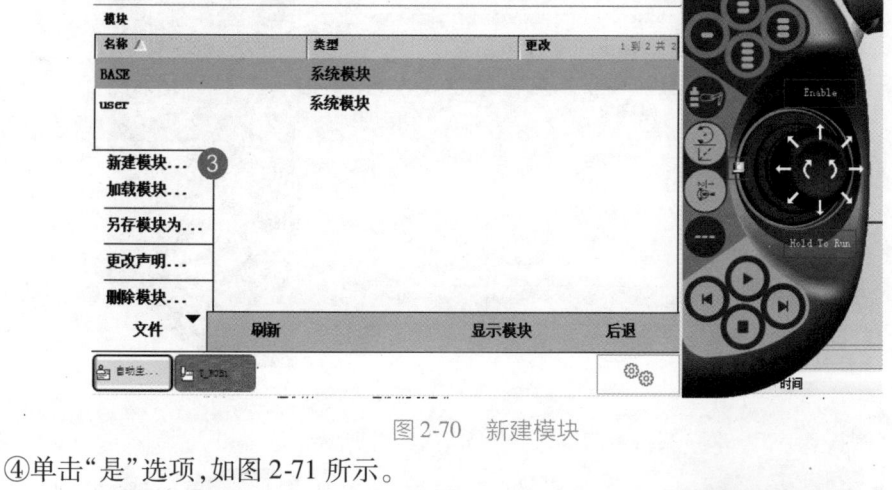

图 2-70　新建模块

④单击"是"选项,如图 2-71 所示。

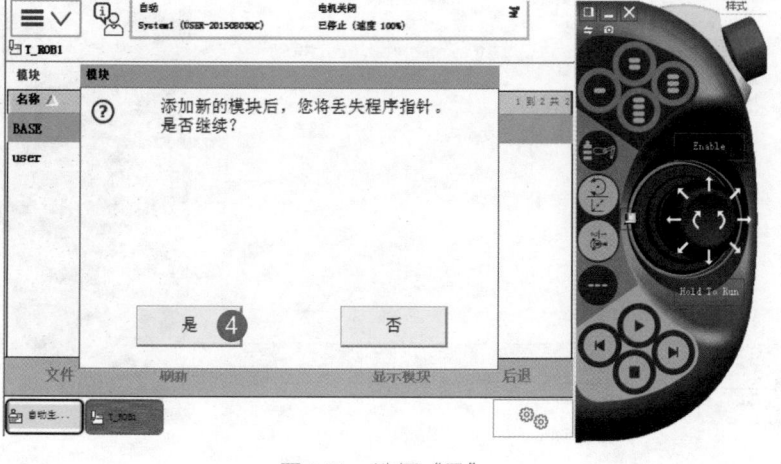

图 2-71　选择"是"

⑤通过按钮"ABC…"进行模块名称的设定,然后单击"确定"创建模块,如图 2-72 所示。

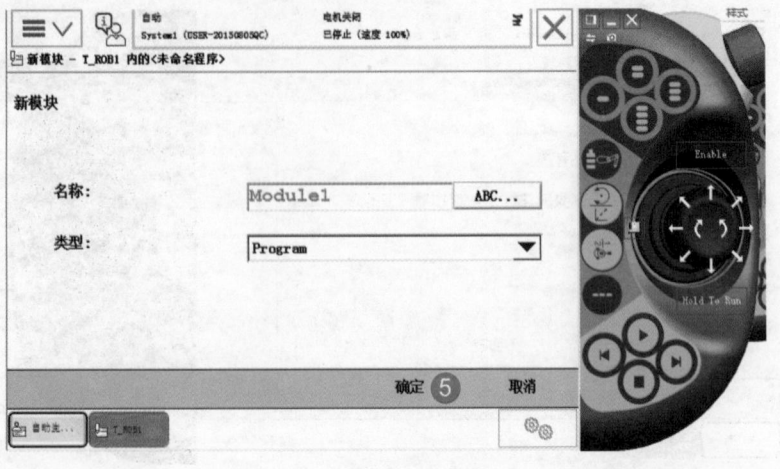

图 2-72　修改模块名称

⑥选中模块"Module1",然后单击"显示模块",如图 2-73 所示。

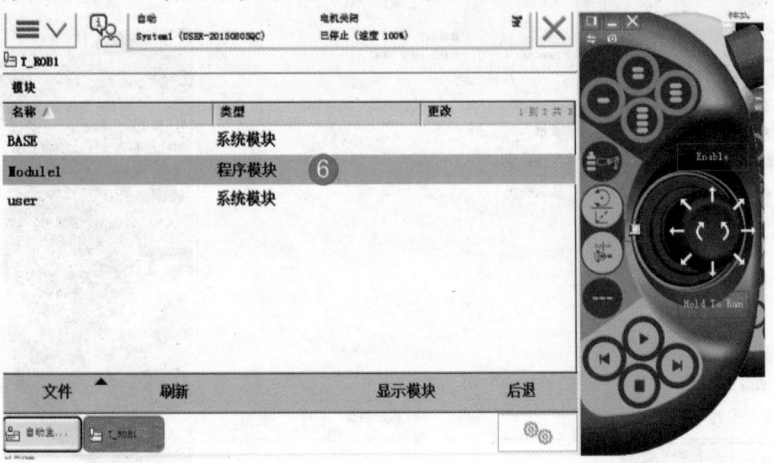

图 2-73　显示模块

⑦单击"例行程序",进行例行程序的创建,如图 2-74 所示。

图 2-74　打开程序模块

⑧打开"文件"菜单,选择"新建例行程序",如图 2-75 所示。

图 2-75 新建例行程序

⑨首先创建一个主程序 main,单击"确定",如图 2-76 所示。

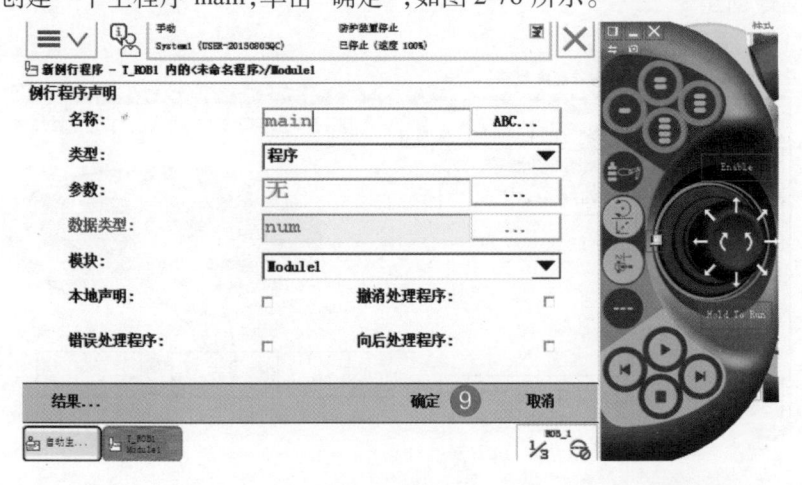

图 2-76 创建主程序 main

⑩打开"文件"菜单,选择"新建例行程序",创建例行程序 Routine1,如图 2-77 所示。

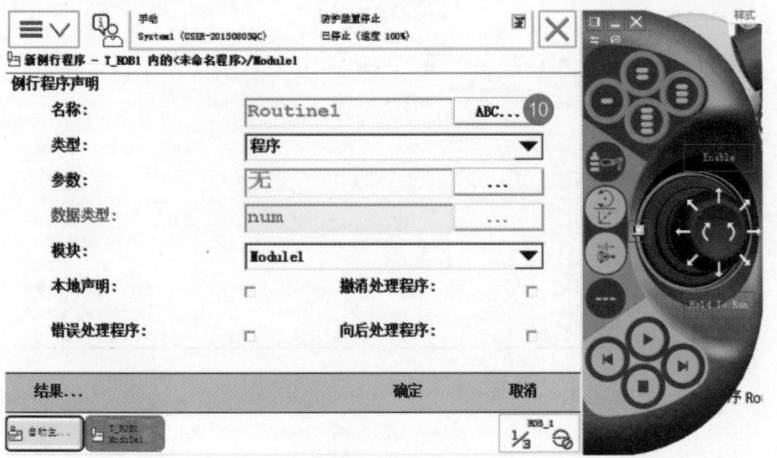

图 2-77 创建例行程序 Routine1

⑪单击"确定",完成创建,如图 2-78 所示。

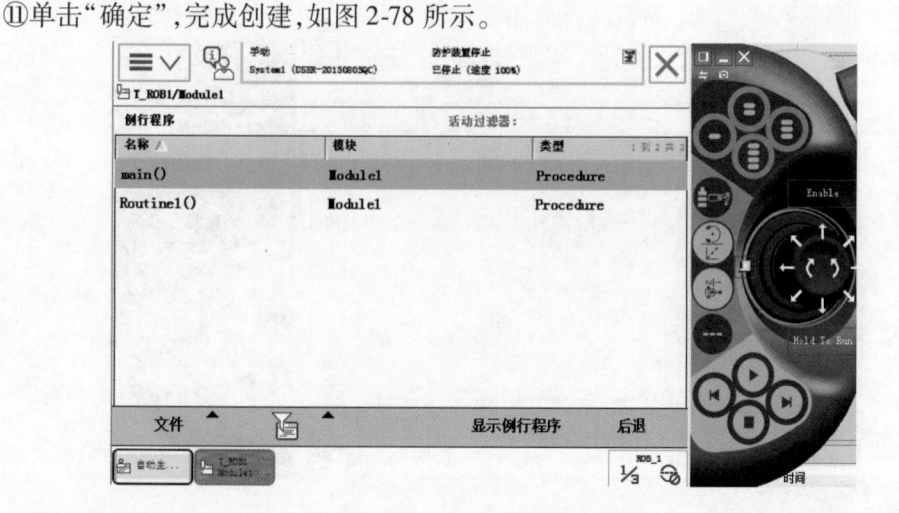

图 2-78 完成例行程序创建

2. 常用指令创建

1) WHILE 死循环指令

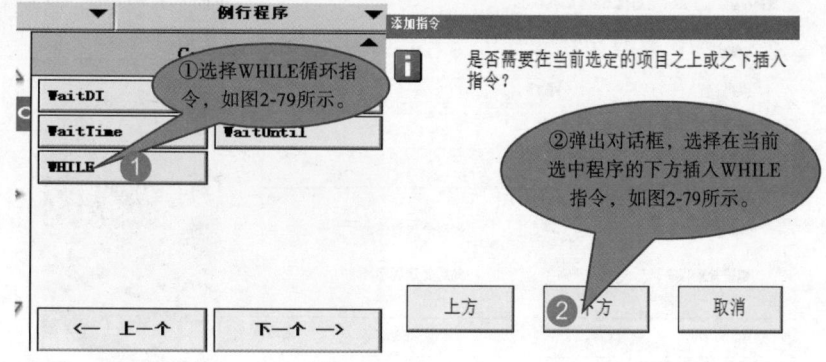

图 2-79 WHILE 指令

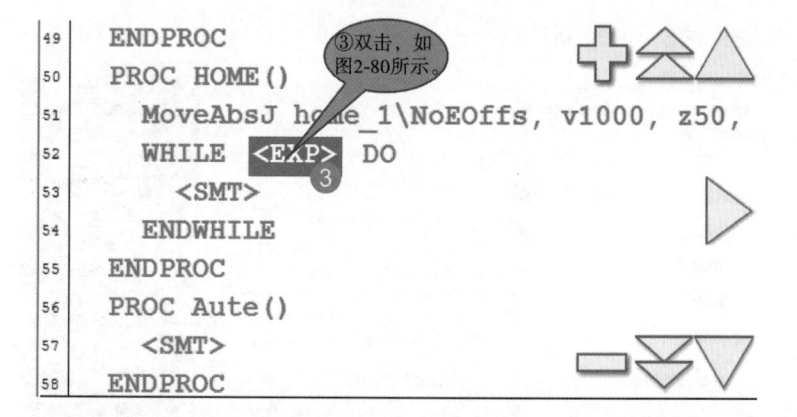

图 2-80 WHILE 参数设置

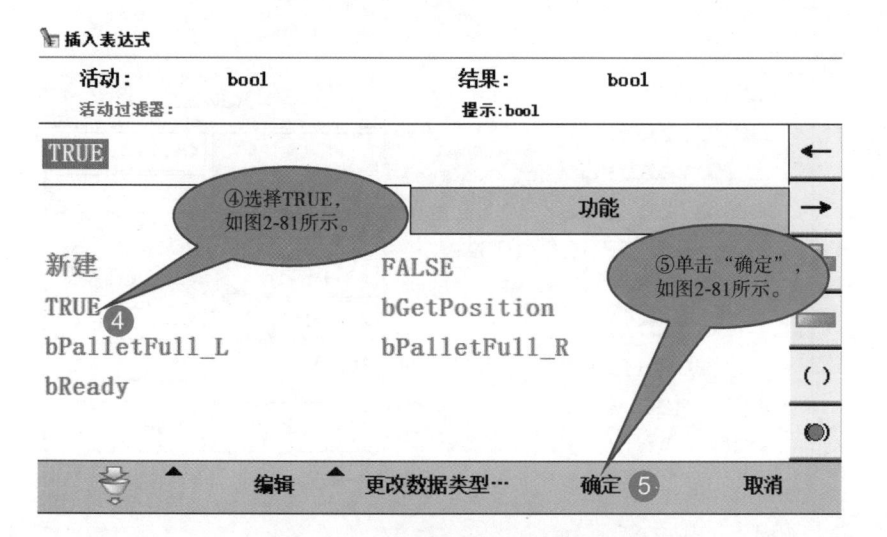

图 2-81　选择 WHILE 指令数据类型

2）IF 指令

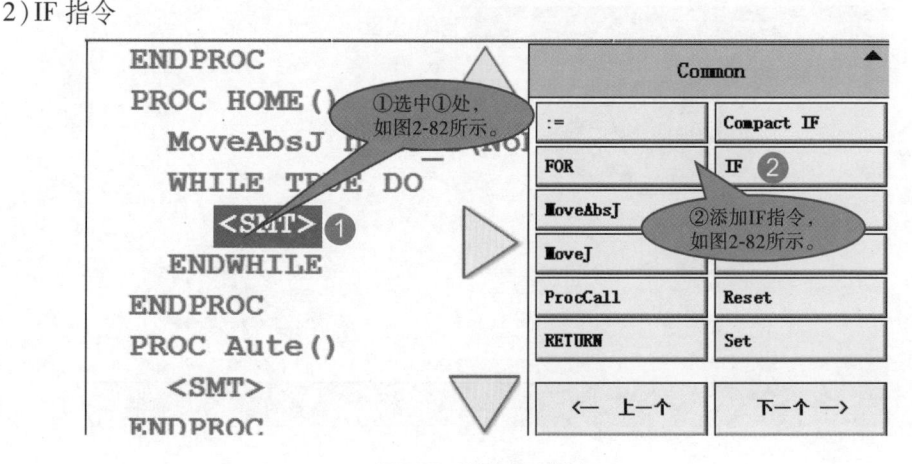

图 2-82　添加 IF 指令

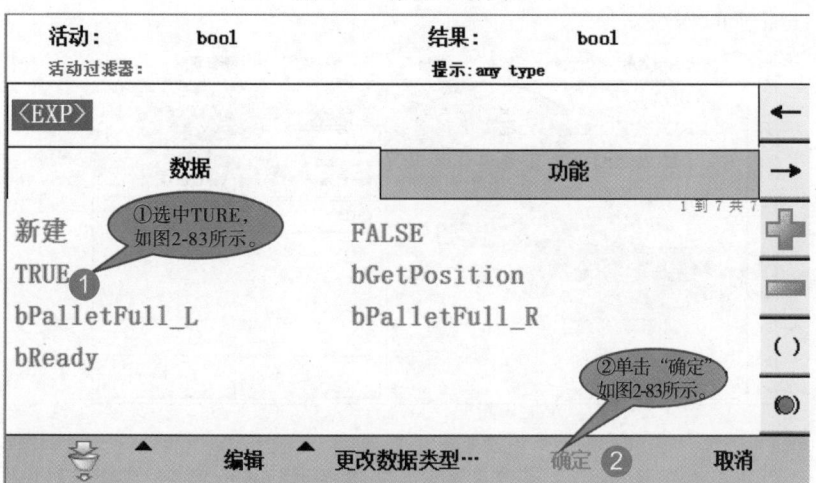

图 2-83　选择 IF 指令数据类型

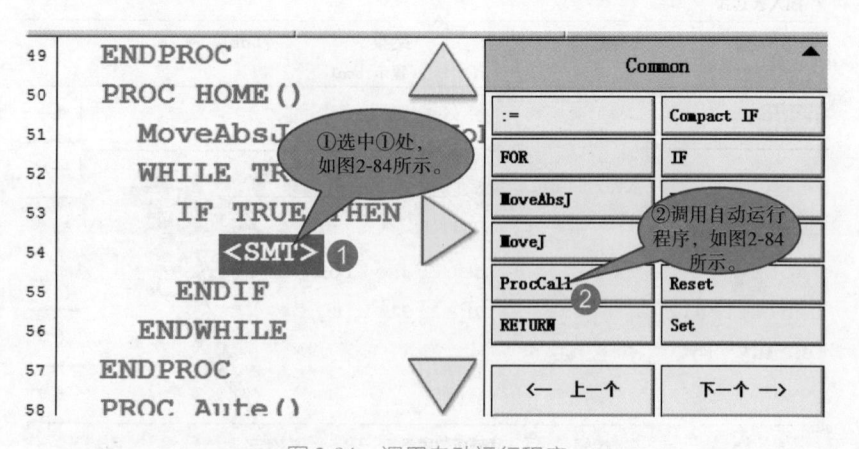

图 2-84　调用自动运行程序

选择 Aute 子程序如图 2-85 所示。

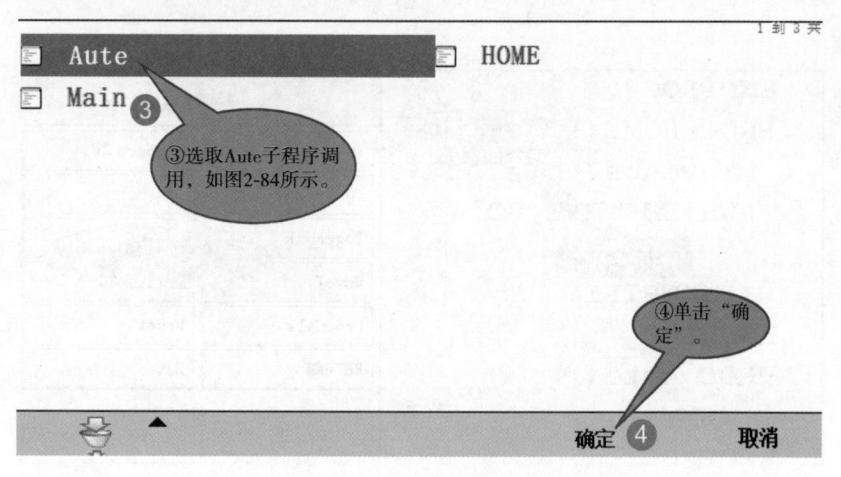

图 2-85　选择 Aute 子程序

3）WaitTime 延时指令

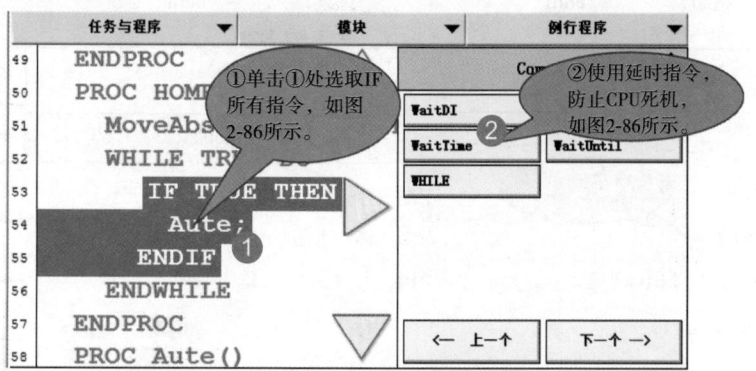

图 2-86　添加延时指令

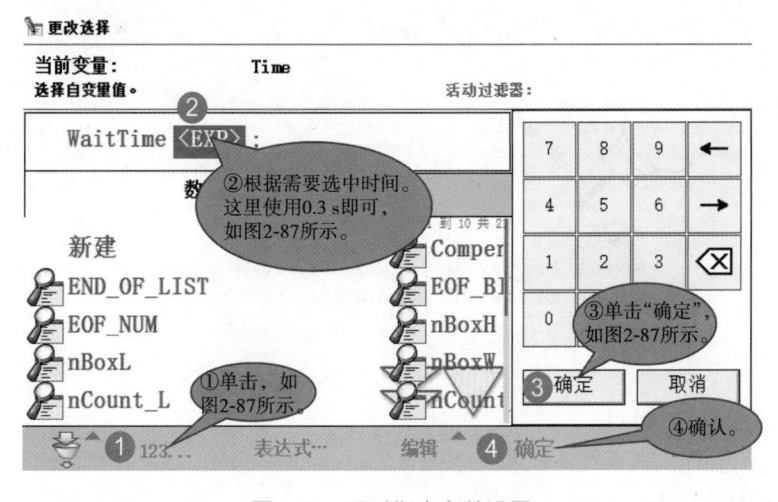

图 2-87　延时指令参数设置

3. 基本指令的应用

1）MOVEJ\MOVEL\MOVEC\MoveAbsJ

（1）MoveJ

机器人以最快捷的方式运动至目标点，机器人运动状态不完全可控，但运动路径保持唯一，常用于机器人在空间大范围移动。

机器人运动轨迹及程序如图 2-88 所示。

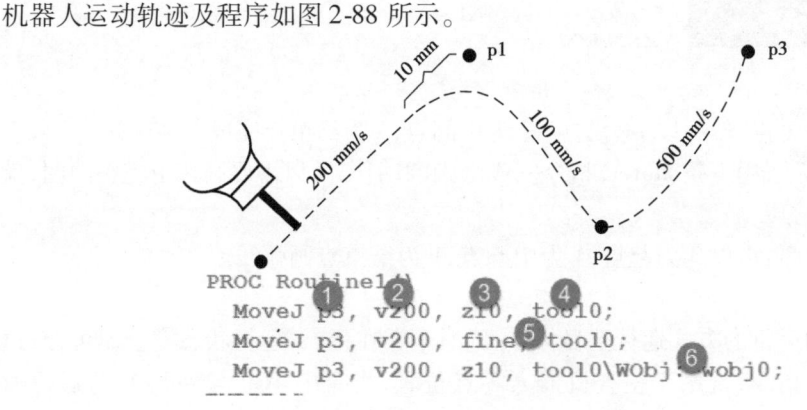

图 2-88　机器人运动轨迹及程序

当机器人在 p2 点时：

①机械手从当前点弧线移动到 p3 点。

②以 200 mm/s 的速度进行移动。

③距离 p3 点还有 10 mm 距离时，以弧形接近 p3，并且前进到下一个点。

④当前使用的是 tool0 这个工具，以这个工具中心为坐标原点。

⑤完全到达 p3 点，并且停顿，然后到达下一点。

⑥当前被加工物体所在平台与机器人本体的坐标（即工件坐标）。

（2）MoveL

机器人以线性移动方式运动至目标点，当前点与目标点两点决定一条直线，机器人运动状态可控，运动路径保持唯一，可能出现死点，常用于机器人在工作状态移动。

机器人运动轨迹及程序如图 2-89 所示。

```
MoveL p1① v200② z10③ tool0;④
MoveL p1, v200, fine⑤ tool0;
MoveL p1, v200, z10, tool0\WObj:⑥=wobj0;
```

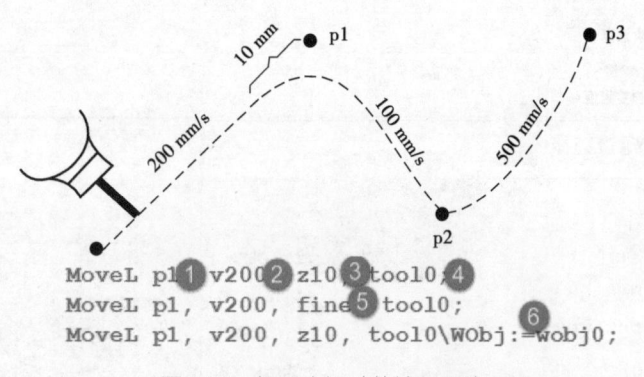

图 2-89　机器人运动轨迹及程序

当机器人在起始点时:

①机器人从起始点以直线方式移动到 p1 点。

② ~ ⑥与 MoveJ 同。

(3) MoveC

机器人运动轨迹及程序如图 2-90 所示。

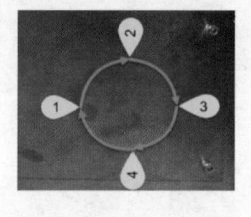

```
PROC Routine1()
  MoveJ *, v1000, fine, tool0\WObj:=wobj0;
  MoveC A2, A3, v1000, z10, tool0;
  MoveC A4, A1, v1000, z10, tool0;
ENDPROC
```

图 2-90　机器人运动轨迹及程序

机器人先到达 1 点,然后以 1 为起点,2 为中间点,3 为结束点完成一个圆弧。

注意:机器人无法用 1 条 MoveC 指令完成画圆的动作,所以需要画一个完整的圆,就需要将其分割成两个圆弧。

完成第一个圆弧,再以 3 为起点,4 为中心点,1 为结束点画弧线。

(4) MoveAbsJ

机器人以单轴运行的方式运行至目标点,绝对不存在死点,运行状态完全不可控,避免在正常生产中使用此指令,常用于检查机器人零点位置,指令中 TCP 与 wobj 只与运行速度有关,与运行位置无关,具体程序如图 2-91 所示。

```
PROC Routine1()
  MoveAbsJ home①\NoEOffs, v1000, z50, tool0②\WObj:③=wobj0;
```

图 2-91　程序

①回到所记录的 home 点。

②工具坐标无效。

③工件坐标无效。

2) WaitTime\WaitDI\WaitDO\WaitUntil

(1) WaitTime

机器人移动到 A 点,停留 5 s 后,继续移动到 A2 点,如图 2-92 所示。

(2) WaitDI

WaitDI Signal, Value [\MaxTime] [\TimeFlag];

```
  PROC Routinel()
    MoveJ A, v1000, z50, tool0;
①  WaitTime 5;
    MoveJ A2, v1000, z50, tool0;
  ENDPROC
```

图 2-92　程序样例

Signal:输入信号名称。（signaldi）

Value:输入信号值。（dionum）

[\MaxTime]:最长等待时间 s。（num）

[\TimeFlag]:超时逻辑量。（bool）

应用:等待数字输入信号满足相应值,达到通信目的,是自动化生产重要组成部分,例如机器人等待工件到位信号,具体程序如图 2-93 所示。

```
  PROC Routinel()
    MoveJ A, v1000, z50, tool0;
    WaitDI di1, 1;
    MoveJ A2, v1000, z50, tool0;
  ENDPROC
```

图 2-93　程序样例

机械手移动到 A 点,等待 di1 信号,当接收到 di1 信号为 1 时,机器人开始往 A2 点移动,如图 2-94 所示。

```
  PROC Routinel()
    MoveJ A, v1000, z50, tool0;
    WaitDI di1, 1;
    MoveJ A2, v1000, z50, tool0;
  ENDPROC
```

② 可选变量

WaitDI
　[\MaxTime]　③　　　　　未使用
　[\TimeFlag]　④　　　　　未使用

使用 ⑤　　不使用　　　　　　　　关闭

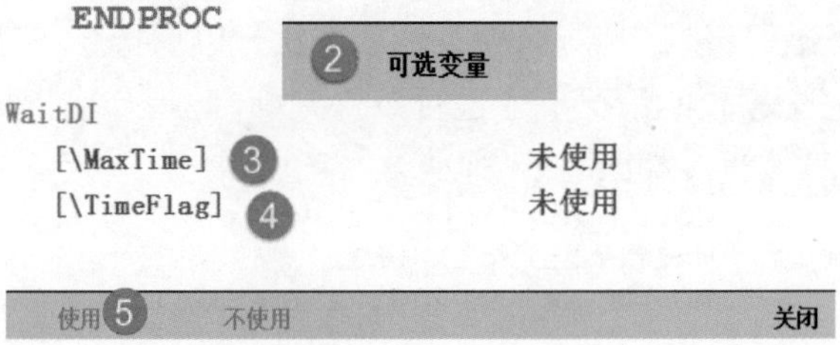

图 2-94　程序样例

①双击 WaitDI。

②单击"可选变量"。

③最长等待时间(如果需要则单击选中)。

④超时逻辑量(如果需要则单击选中)。

⑤启用选中的功能。

具体程序如图 2-95 所示。

```
  PROC Routinel()
    MoveJ A, v1000, z50, tool0;
①  WaitDI di1, 1\MaxTime:=10\TimeFlag:=flag1
②  IF flag1 MoveJ A20, v1000, z50, tool0;
③  MoveJ A2, v1000, z50, tool0;
  ENDPROC
```

图 2-95　程序样例

①机械手运行到 A 点后,等待 di1 信号,当 MaxTime 为 10 s 时收到信号,flag1 为 false。否则 flag1 为 true。

②10 s 后,不管是否收到信号,都会扫描②,由于这里用的是判断,所以当没收到信号时,会执行 MoveJ A20 的指令,机器人会从 A 点移动到 A20 点。

③机器人收到信号,那么机器人从 A 点移动到 A2 点;未收到信号,机器人从 A 点移动到 A20 点,然后再移动到 A2 点。

（3）WaitDO

WaitDO Signal, Value［\MaxTime］［\TimeFlag］;

Signal:输入信号名称。（signaldi）

Value:输入信号值。（dionum）

［\MaxTime］:最长等待时间 s。（num）

［\TimeFlag］:超时逻辑量。（bool）

应用:等待数字输出信号满足相应值,以达到通信目的,因为输出信号一般情况下受程序控制,此指令很少使用。

注:程序说明与 WaitDI 一致。

（4）WaitUntil

WaitUntil［\InPos,］Cond［\MaxTime］［\TimeFlag］;

［\InPos］:提前量开关。（switch）

Cond:判断条件。（bool）

［\MaxTime］:最长等待时间 s。（num）

［\TimeFlag］:超时逻辑量。（bool）

应用:当前指令用于等待满足相应判断条件后才执行以后指令,使用参变量［\InPos］,机器人及其外轴必须在完全停止的情况下才进行条件判断,此指令比指令 WaitDI 的功能更广,可以替代其所有功能,具体程序如图 2-96 所示。

```
MoveJ A, v1000, z50, tool0;
WaitUntil di1 = 1;
MoveJ A2, v1000, z50, tool0;
```

图 2-96　程序样例

当机器人移动到 A 点时,等收到 di1 信号后,才能运行下一步操作,具体程序如图 2-97 所示。

［\InPos］	未使用
［\MaxTime］	未使用
［\TimeFlag］	未使用
［\PollRate］	未使用

图 2-97　程序样例

根据需求选择功能,具体程序如图 2-98 所示。

```
PROC Routine1()
  MoveJ A, v1000, z50, tool0;
  WaitUntil di1 = 1\MaxTime:=1\TimeFlag:=flag1;
  IF flag1 MoveJ A20, v1000, z50, tool0;
  MoveJ A2, v1000, z50, tool0;
ENDPROC
```

图 2-98　程序样例

①提前量开关。

②最长等待时间。

③超时逻辑。

与 WaitDI、WaitDO 一致。

3）ProcCall

Procedure ｛Argument｝；

Procedure：例行程序名称。（ Identifier ）

Argument：例行程序参数。（ All ）

应用：机器人调用相应例行程序，同时可以给带有参数的例行程序中相应参数赋值。

ProcCall 应用程序如图 2-99 所示。

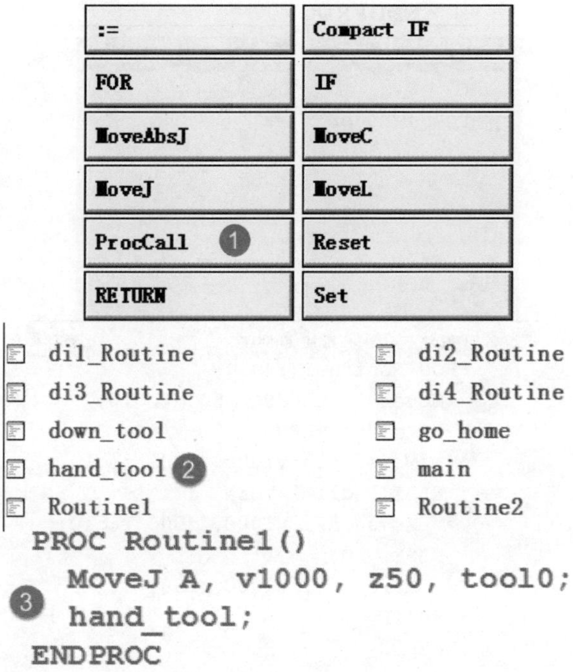

图 2-99　ProcCall 应用程序

①单击 ProcCall。

②选取要调用的例行程序。

③机械手移动到 A 点，然后运行 hand_tool 中的程序。

4）IF\While\Compact IF\FOR\Test

（1）IF

IF Condition THEN . . .

｛ELSEIF Condition THEN . . .｝

［ELSE . . .］

ENDIF

应用：当前指令通过判断相应条件控制需要执行的相应指令，是机器人程序流程基本指令。

IF 程序应用如图 2-100 所示。

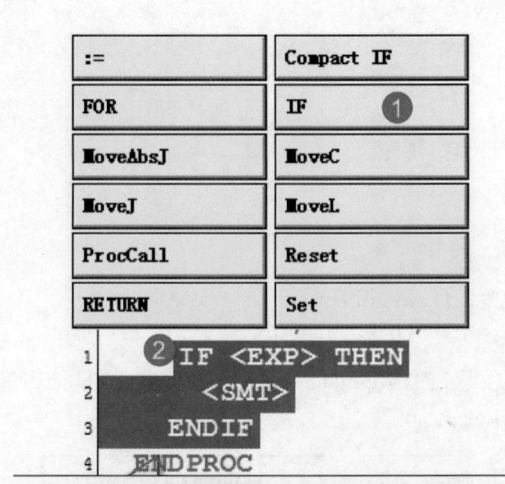

图 2-100　IF 程序应用

①选择添加 IF 指令。

②双击 IF。

③ELSE(否则)(只能有一条 ELSE)。

④ELSEIF(可以有多条)。

⑤当机器人移动到 A 点后进行判断。

⑥如果 di0 有信号,那么机器人移动到 A1 点。

⑦如果 di1 有信号,那么机器人移动到 A2 点。

⑧否则(di0 和 di1 都无信号),机器人移动到 A3 点。

(2) WHILE

WHILE…DO

图 2-101 程序条件使用 TRUE,那么程序运行完 go_home 后,就会无限循环这里面的程序。

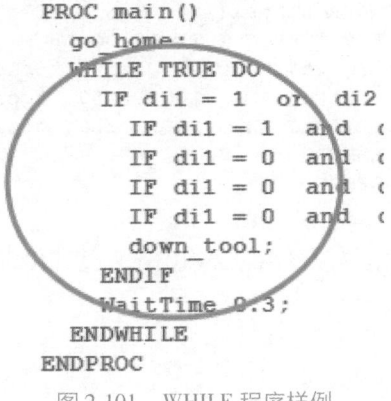

```
PROC main()
  go_home;
  WHILE TRUE DO
    IF di1 = 1  or  di2
      IF di1 = 1  and
      IF di1 = 0  and
      IF di1 = 0  and
      IF di1 = 0  and
      down_tool;
    ENDIF
    WaitTime 0.3;
  ENDWHILE
ENDPROC
```

图 2-101　WHILE 程序样例

如果将条件改为 di0 = 1,那么当检测到 di0 信号后,程序才会进入该循环,在此期间,di0 信号断开,程序会在运行完最后一步后跳出该循环。

(3)Compact IF

IF Condition…

Condition:判断条件。(bool)

应用:当前指令是指令 IF 的简单化,判断条件后只允许跟一句指令,如果有多句指令需要执行,必须采用指令 IF,程序样例如图 2-102 所示。

```
PROC Routine1()
  MoveJ A, v1000, z50, tool0;
① IF di0=1 MoveJ A1, v1000, z50, tool0;
② IF f <= 5 Set do0;
ENDPROC
```

图 2-102　Compact IF 程序样例

当机器人到达 A 点时:

①如果 di0 信号为1,那么机器人运行到 A1 点。

②如果变量 f≤5,那么数字量输出信号 do0 置位。

(4)FOR

FOR Loop counter FROM Start value TO End value [STEP Step value] DO

　…

ENDFOR

Loop counter:循环计数标识。(Identifier)

Start value:标识初始值。(num)

End value :标识最终值。(num)

[Step value]:计数更改值。(num)

应用:当前指令通过循环判断标识从初始值逐渐更改至最终值,从而控制程序相应循环次数,如果不使用参变量[STEP],循环标识每次更改值为 1,如果使用参变量[STEP],循环标识每次更改值为参变量相应设置。在通常情况下,初始值、最终值与更改值为整数,循环判断标识使用 i、k、j 等小写字母,是标准的机器人循环指令,常在通信口读写、数组数据赋值等数据处理时使用,程序样例如图 2-103 所示。

程序说明:

①机器人循环运行:从 A 点移动到 A2,再移动到 A3 此为 1 个循环。

```
PROC Routine1()
  FOR i FROM 1 TO 10 DO
    MoveJ A, v1000, z50, tool0;
    MoveJ A2, v1000, z50, tool0;
    MoveJ A3, v1000, z50, tool0;
  ENDFOR
ENDPROC
```

图 2-103　FOR 程序样例

②i 为变量,可以查看,不能修改赋值,1 to 10 代表循环 10 次。

(5) TEST

TEST Test data

{CASE Test value { ,Test value} : ... }

[DEFAULT: ...]

ENDTEST

应用:当前指令通过判断相应数据变量与其所对应的值,控制需要执行的相应指令,程序样例如图 2-104 所示。

```
PROC Routine1()
① TEST i
  CASE 1,2:
②   MoveJ A,v1000,z50,tool0;
  CASE 3:
③   MoveJ A1,v1000,z50,tool0;
  CASE 4:
④   MoveJ A2,v1000,z50,tool0;
  DEFAULT:
⑤   MoveJ A3,v1000,z50,tool0;
  ENDTEST
ENDPROC
```

图 2-104　TEST 程序样例

①判断 i 的值。

②如果 i = 1 或者 i = 2,那么机器人运行到 A 点。

③如果 i = 3,那么机器人运行到 A1 点。

④如果 i = 4,那么机器人运行到 A2 点。

⑤以上条件都不满足,那么机器人运行到 A3。

(6) 赋值指令: =

赋值指令程序样例如图 2-105 所示。

```
PROC Routine3()
① WHILE f > 5 DO
    f := f + 1;
  ENDWHILE
② MoveJ A, v1000, z50, tool0;
  pA2 := Offs(A,0,0,100);
  MoveL pA2, v1000, z50, tool0;
③ abs_home_now := CRobT(\Tool:=tool0\WObj:=wobj0);
  abs_home_now.trans.z := abs_home.trans.z;
  MoveL abs_home_now, v400, z50, tool0;
  MoveJ abs_home, v1000, z50, tool0;
ENDPROC
```

图 2-105　赋值指令程序样例

①定义一个以 num 的变量 f,使用 WHILE 循环,当 f≤5 时执行 f+1。

②A 为坐标位置常量,pA2 为坐标位置变量,pA2 在 A 位置的正上方 100 mm 处。

③abs_home_now 为位置坐标变量,程序运行到此步时,将机械手当前位置坐标赋值到此变量中,abs_home 为机械手原点位(用户定义)的常量,将原点位的高度值传送给变量 abs_home_now。这时使用 MoveL 上升到安全高度,在进行回原点(此步用于规划一条简单的安全回原点路径),具体如图 2-106 所示。

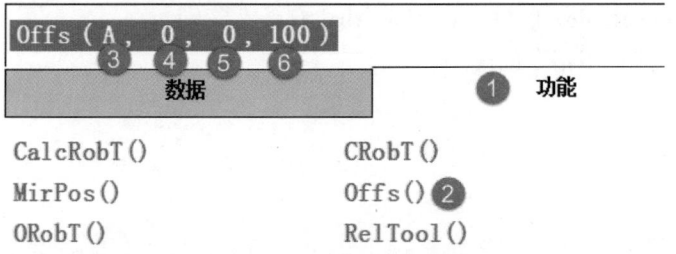

图 2-106　添加偏移（Offs）指令

①选择"功能"。

②"Offs( )"相对位置。

③以 A 点为基准。

④X 轴偏移。

⑤Y 轴偏移。

⑥Z 轴偏移。

添加赋值命令如图 2-107 所示。

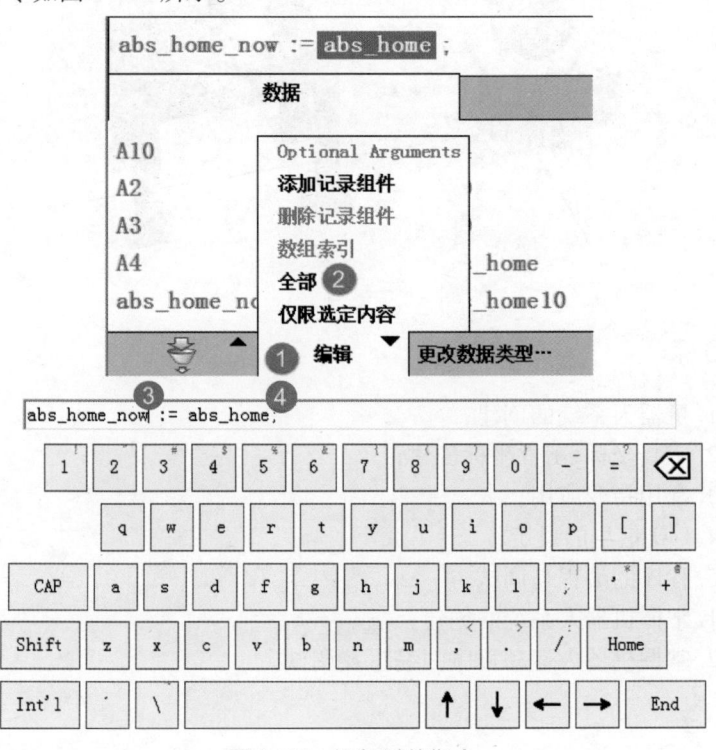

图 2-107　添加赋值指令

①选择"编辑"。

②选择"全部"。

③在后面手动输入 trans. z 即可。

④在后面手动输入 trans. z 即可。

五、思考与练习

1. 运动指令 MoveJ、MoveL、MoveC、MoveAbsJ 有什么区别？

2. 通过编程掌握常用指令的应用。

任务五　RAPID 基本程序调试

一、任务描述

如图 2-108 所示，在机器人空闲时，在位置点 phome 等待。如果外部信号 di1 输入为 1 时，机器人沿着物体的一条边从 p10 到 p20 走一条直线，结束后回到 phome 点。

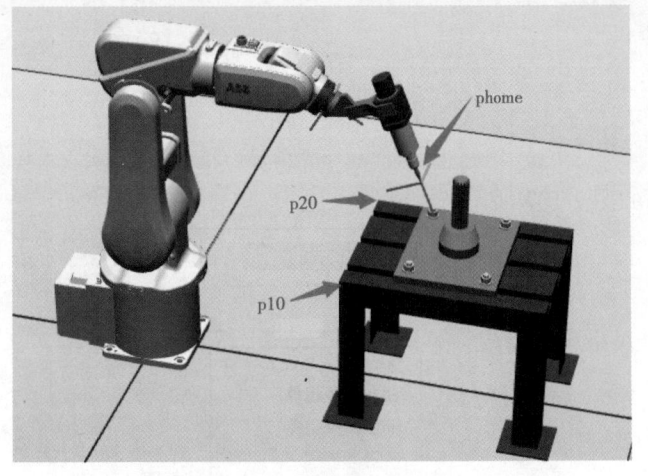

图 2-108　机器人工作站

二、任务目标

知识目标: 1. 机器人系统的创建；

2. 工具坐标、工件坐标创建；

3. 常用指令应用；

4. I/O 信号的设定；

5. 程序的编程与调试。

技能目标: 1. 掌握机器人系统的创建；

2. 掌握机器人运动程序的编写及调试。

三、知识储备

编制一个程序的基本流程如下所述。

①确定需要多少个程序模块。多少个程序模块是由应用的复杂性所决定的,比如可以将位置计算、程序数据、逻辑控制等分配到不同的程序模块以方便管理。

②确定各个程序模块中要建立的例行程序,不同的功能可以放到不同的程序模块中,如夹具打开、夹具关闭这样的功能就可以分别建立成例行程序以方便调用与管理。

四、任务实施

经过分析,对机器人的工作进行分类,可以分为主程序 main,机器人回等待位 rhome 子程序,初始化 rinitall 子程序,运动路径 rmoveroutine 子程序。

(1)创建数字输入信号 di1

创建数字输入信号 di1 如图 2-109 所示。

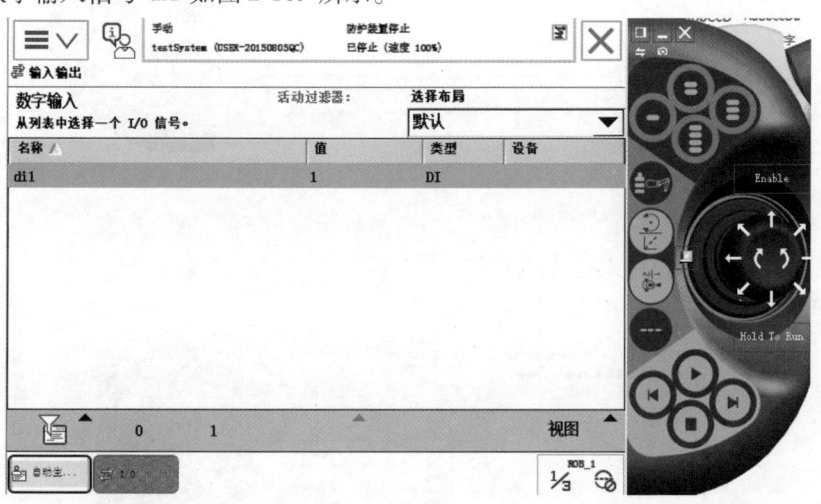

图 2-109 创建数字输入信号 di1

(2)设定工具坐标和工件坐标

可在手动操纵菜单内选择要使用的工具坐标和工件坐标,如图 2-110 所示。

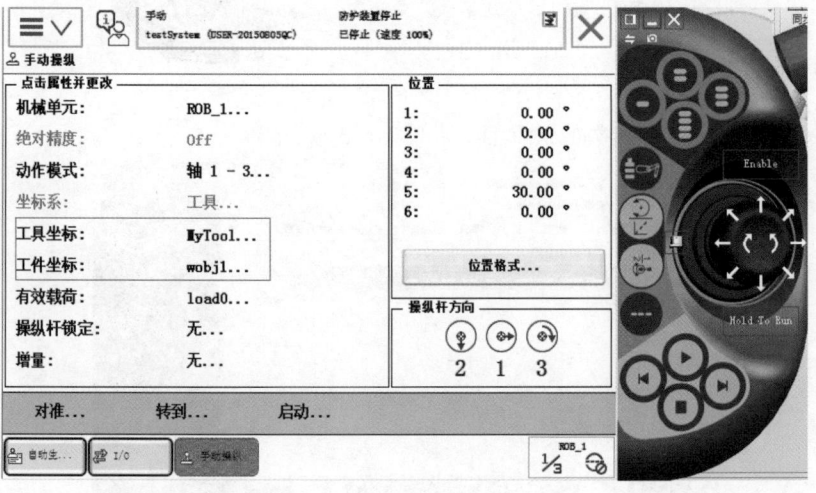

图 2-110 确定工具坐标和工件坐标

（3）建立 RAPID 程序

①参照任务四程序模块的创建步骤，创建 main（ ）、rhome（ ）、rinitall（ ）、rmoveroutine（ ）程序，如图 2-111 所示。

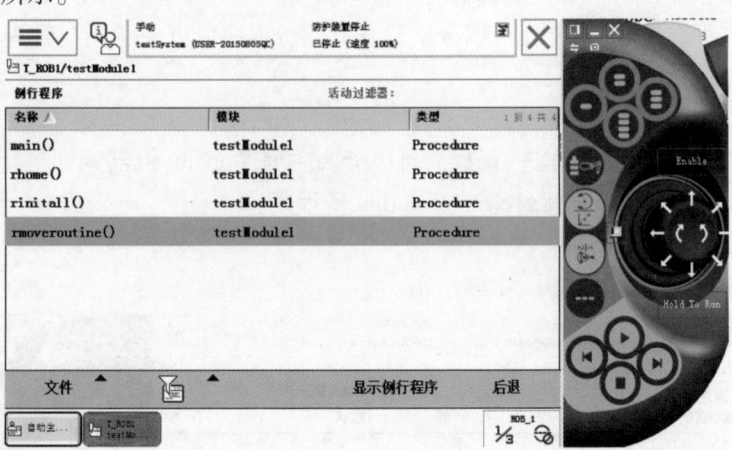

图 2-111　程序创建

②选择 rhome，单击"显示例行程序"，单击"添加指令"，打开指令列表。

③选中" < SMT > "为插入指令的位置。

④在指令表中选择 MoveJ，如图 2-112 所示。

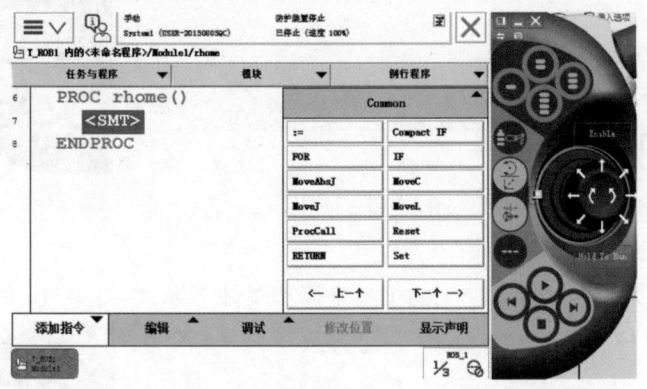

图 2-112　添加 MoveJ 指令

⑤双击" * "，进入指令参数修改画面，如图 2-113 所示。

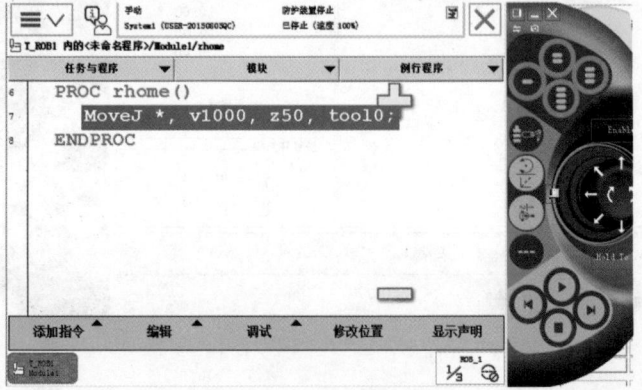

图 2-113　编辑 MoveJ 指令

⑥通过新建或选择对应的参数数据,设定如图 2-114 所示的数据。

图 2-114　完成 MoveJ 指令的添加

⑦使用摇杆将机器人运动到如图 2-115 所示的位置,以作为机器人的空闲等待点。

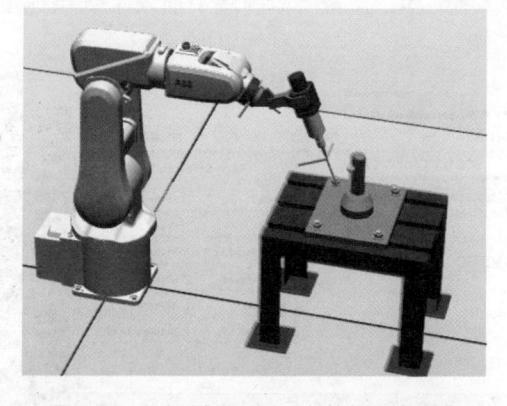

图 2-115　移动机器人运动到空闲等待点

⑧选中 phome 点,单击"修改位置",在出现的界面中单击"修改"进行确认,如图 2-116 所示。

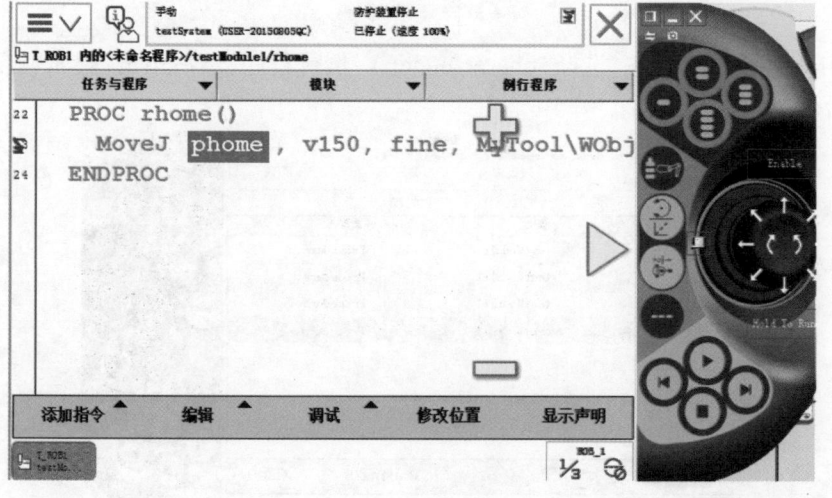

图 2-116　示教 phome 点

⑨单击"例行程序"标签,选择"rinitall( )"例行程序,然后单击"显示例行程序",如图

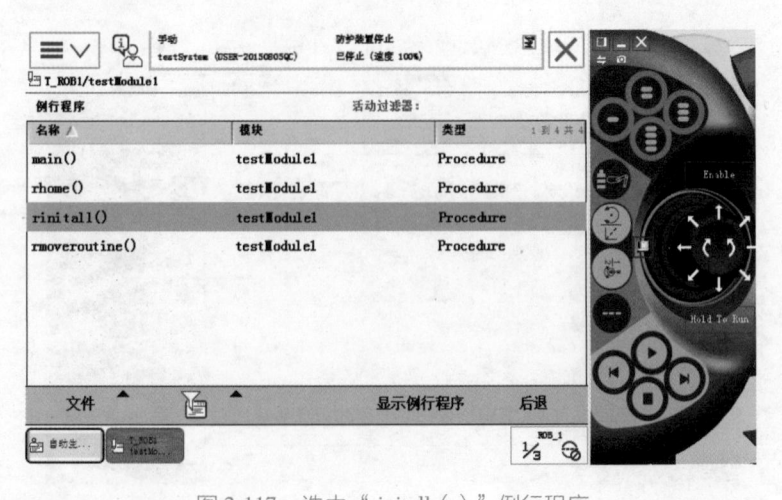

图 2-117　选中"rinitall（ ）"例行程序

2-117 所示。

⑩在此例行程序中加入初始化的内容,本程序中加入了 2 条速度控制指令和调用等待位的例行程序,如图 2-118 所示。

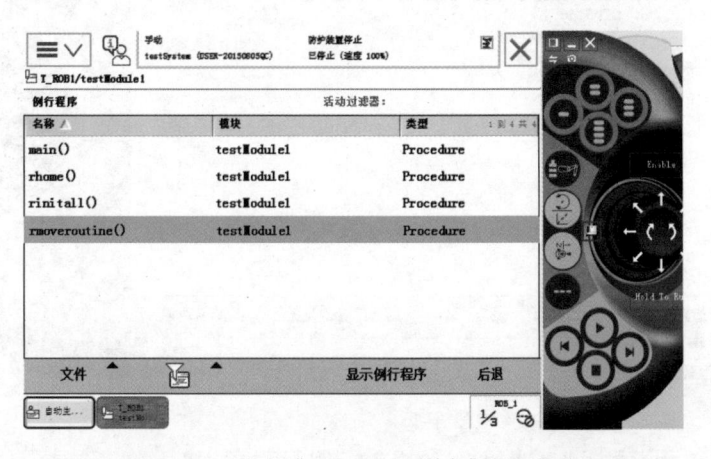

图 2-118　添加指令

⑪单击"例行程序"标签,选择"rmoveroutine( )"例行程序,然后单击"显示例行程序",如图 2-119 所示。

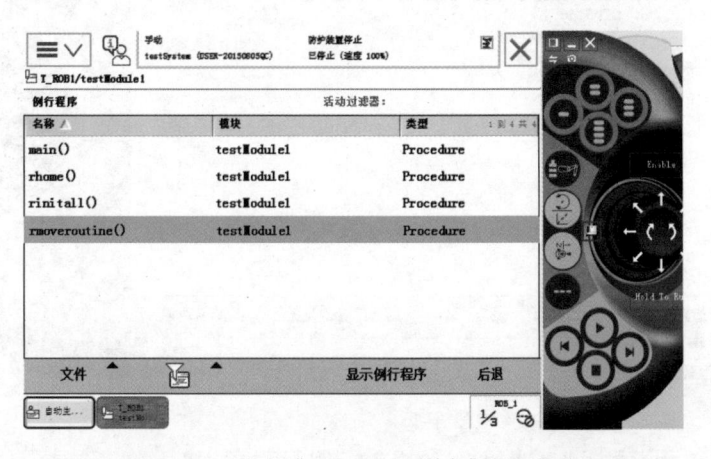

图 2-119　选中"rmoveroutine（ ）"例行程序

⑫添加 MoveJ、MoveL 指令,如图 2-120 所示,将 p10 点参数设定为如图 2-121 所示的位置,p20 点的参数设定为如图 2-122 所示的位置。

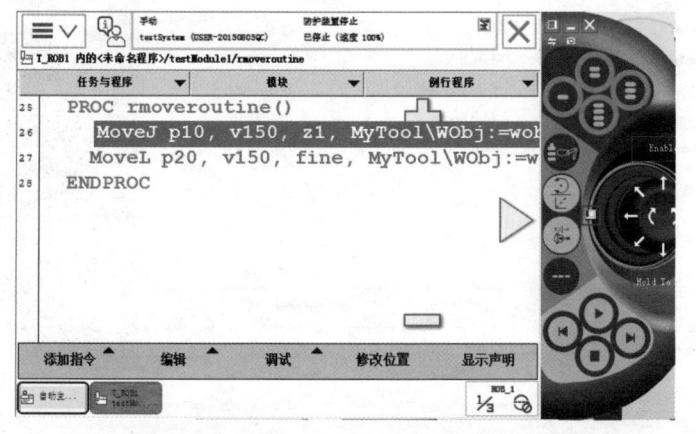

图 2-120　添加指令

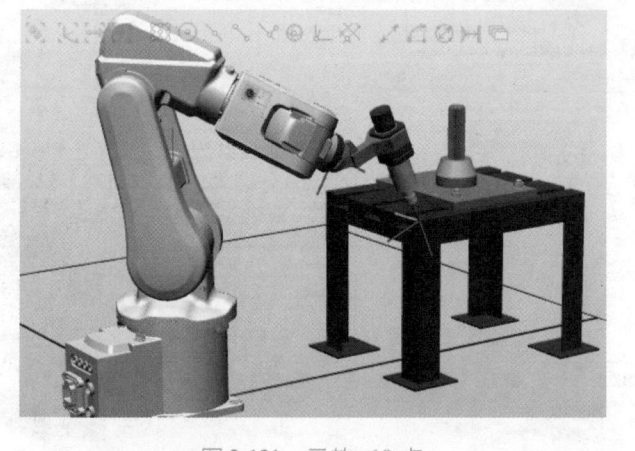

图 2-121　示教 p10 点

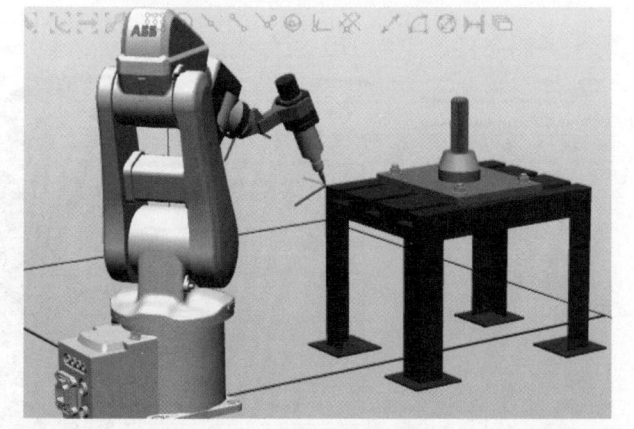

图 2-122　示教 p20 点

⑬单击"例行程序",选择 main 程序,单击"显示例行程序",如图 2-123 所示。

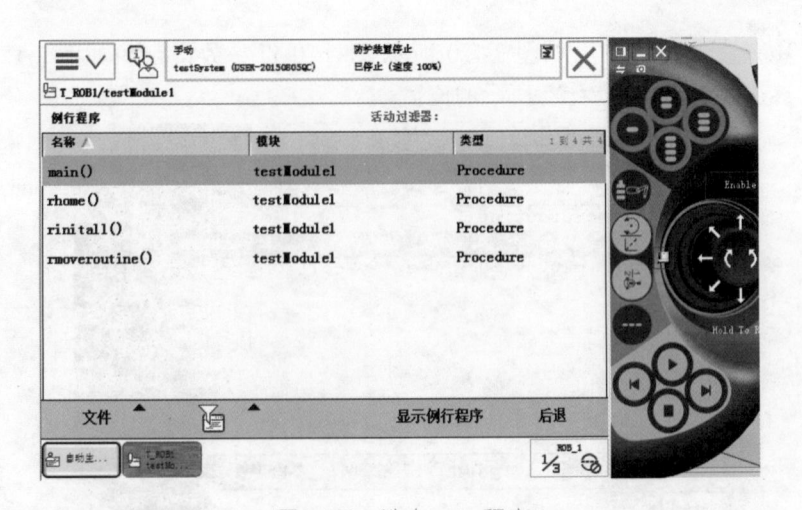

图 2-123　选中 main 程序

⑭在开始位置调用初始化程序，如图 2-124 所示。

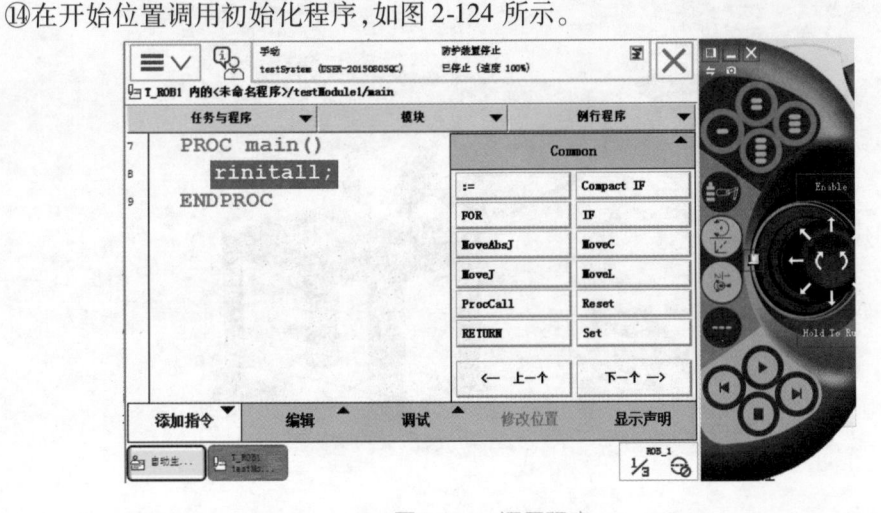

图 2-124　调用程序

⑮添加 WHILE 指令，并将条件设定为 TRUE，如图 2-125 所示。

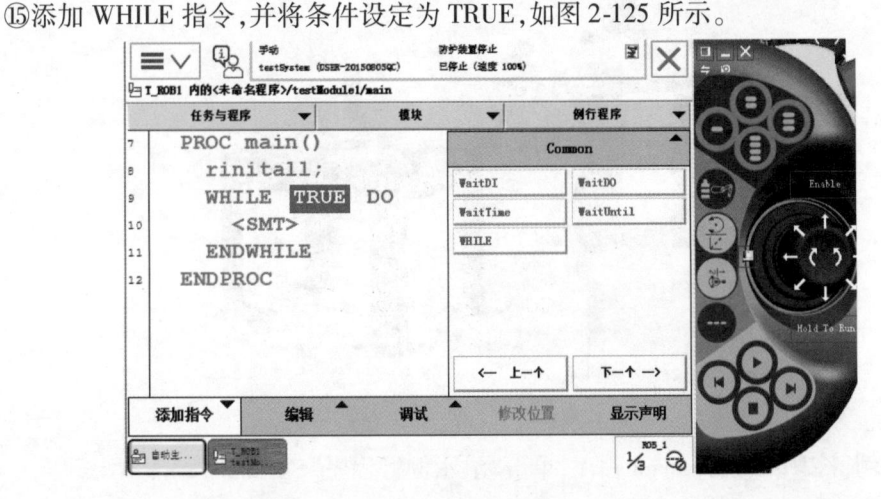

图 2-125　添加 WHILE 指令

⑯添加 IF 指令,选中"＜EXP＞",打开编辑菜单,选择"ABC...",如图 2-126 所示。

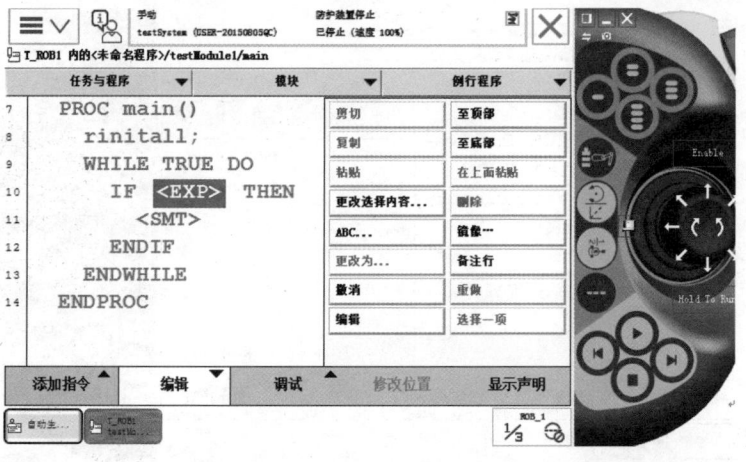

图 2-126 添加 IF 指令

⑰使用键盘,输入 di1 = 1,然后单击"确定",如图 2-127 所示。

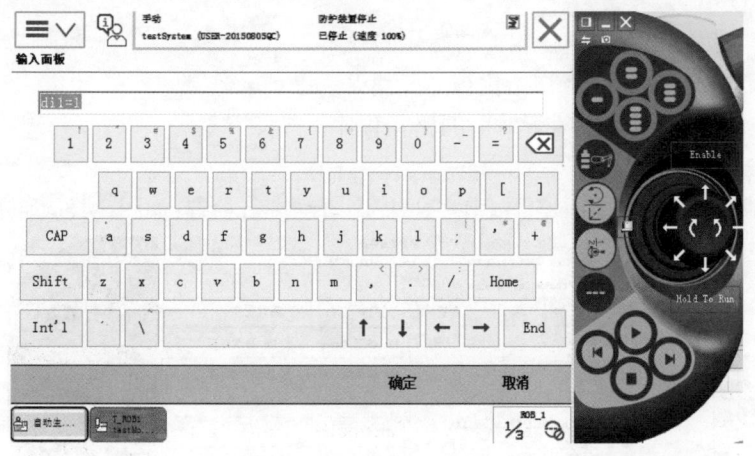

图 2-127 输入 di1 的值

⑱在 IF 指令中调用"rmoveroutine"和"rhome"两个例行程序,如图 2-128 所示。

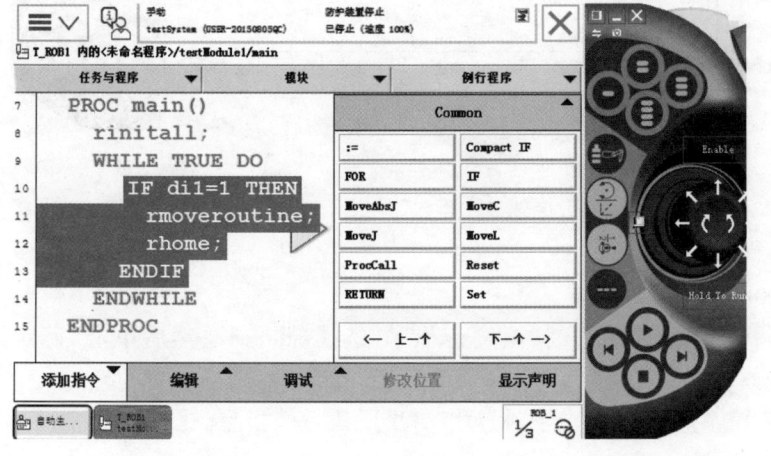

图 2-128 在 IF 指令中调用例行程序

⑲在选中的 IF 指令下方添加"WaitTime"指令,等待时间设置为 0.3 s,如图 2-129 所示。

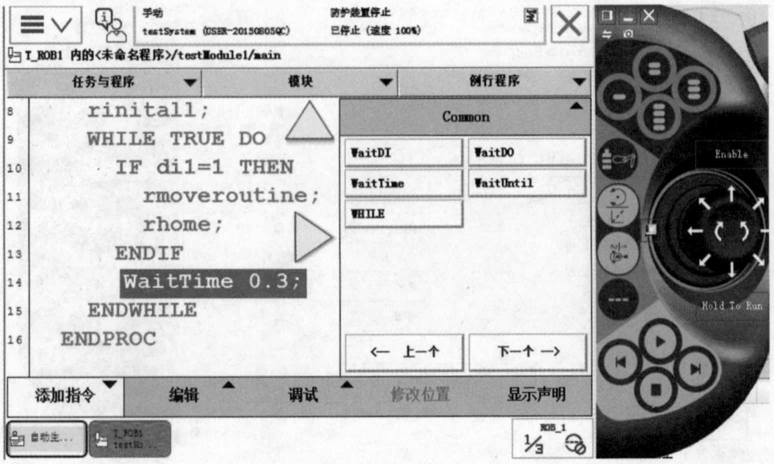

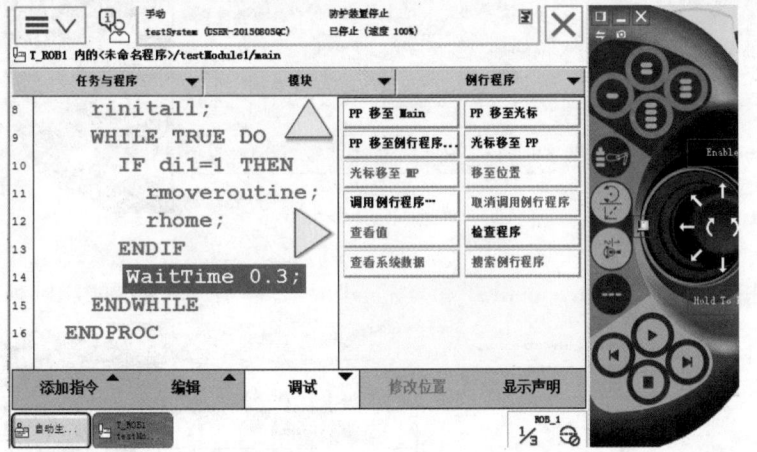

图 2-129　添加"WaitTime"指令

主程序解读:

a. 首先进入初始化程序进行相关初始化的设置。

b. 进行 WHILE 死循环,将初始化程序隔离开。

c. 如果 di1 = 1,则机器人执行对应的路径程序。

d. 等待 0.3 s。

⑳打开"调试"菜单,单击"检查程序"对程序语法进行检查,如图 2-130 所示。

图 2-130　检查程序

㉑单击"确定"完成,如果有错误,系统会提示出错的具体位置与建议操作,如图 2-131 所示。

(4)调试 RAPID 程序

①打开调试菜单,选择 PP 移至例行程序,选择"rhome",然后单击"确定",如图 2-132、图 2-133 所示。

注:PP 是程序指针,程序指针永远指向将要执行的指令。图 2-133 中所示的指令将要被执行。

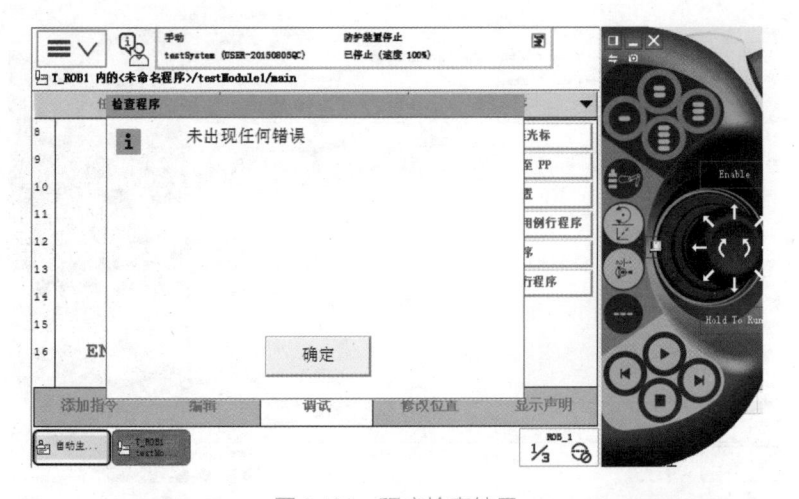

图 2-131　程序检查结果

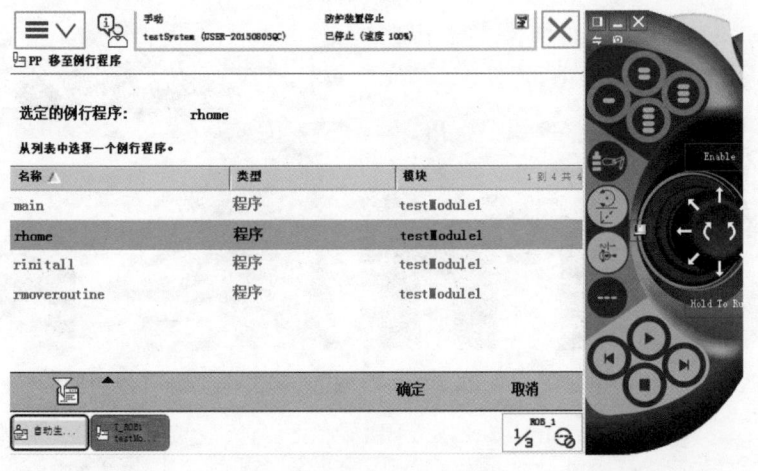

图 2-132　选中 rhome 程序

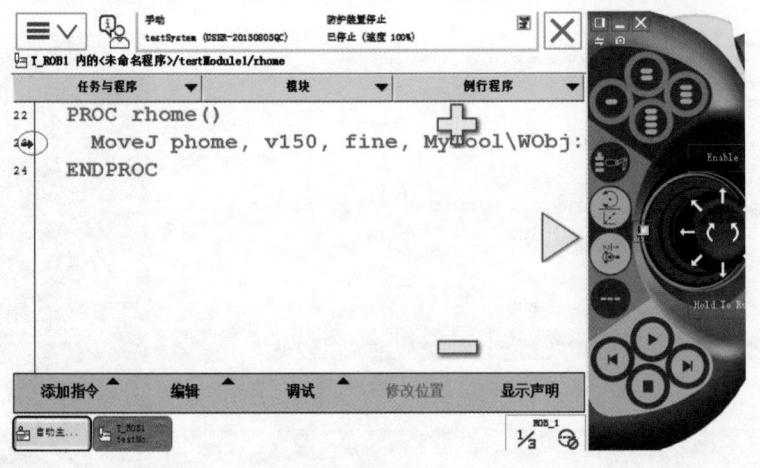

图 2-133　进入 rhome 程序

②在手动模式下,按下使能键,进入电机开启状态,单击单步向前按钮,观察机器人的移动。在按下程序停止键后,才能松开使能键。这时在指令左侧出现一个小机器人,说明机器人已到达 phome 位置,如图 2-134、图 2-135 所示。

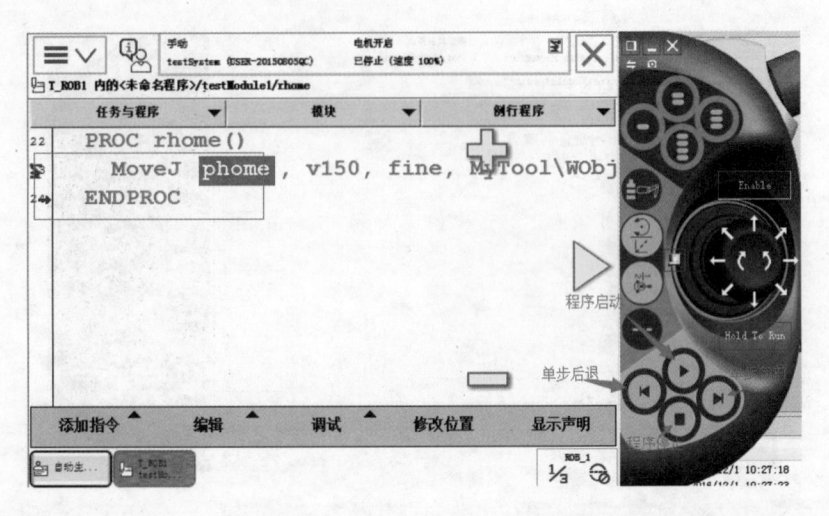

图 2-134　小机器人到达 phome 位置

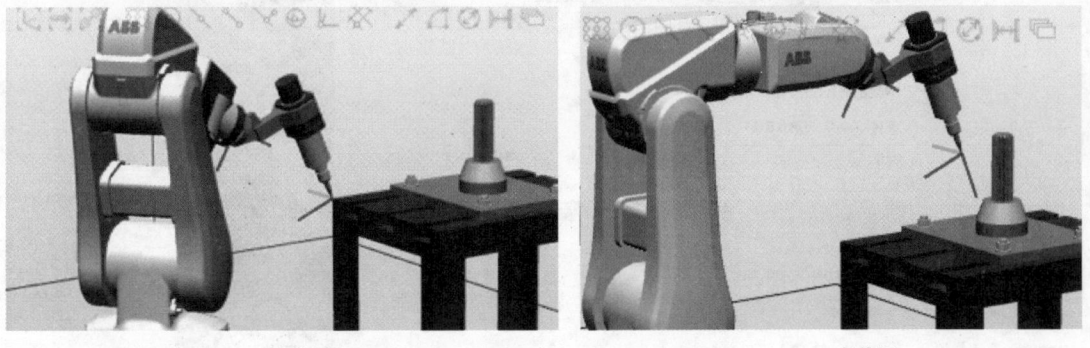

（a）原始位置　　　　　　　　　　　　（b）phome点位置

图 2-135　机器人从原始位置到达 phome 位置

③打开调试菜单，选择 PP 移至例行程序，选中"rmoveroutine"，单击"确定"，如图 2-136 所示。

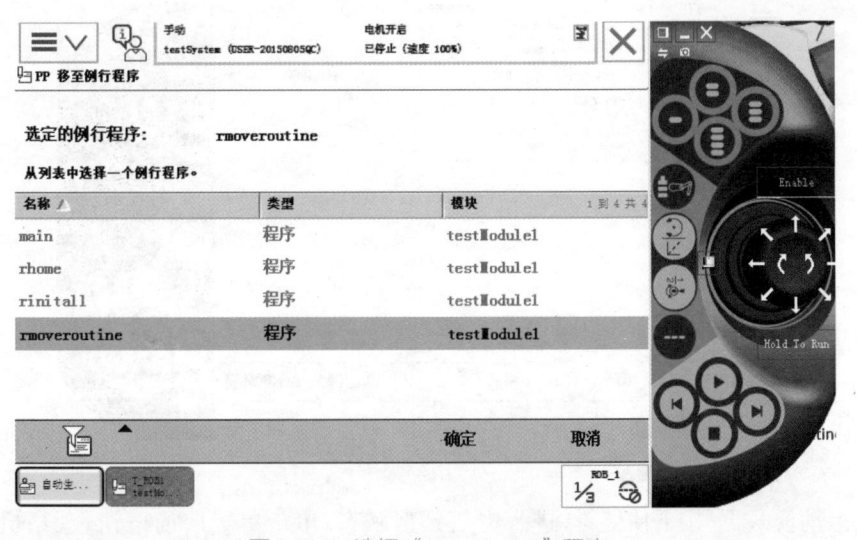

图 2-136　选择"rmoveroutine"程序

④单步调试运动指令的位置是否合适，如图 2-137 所示。

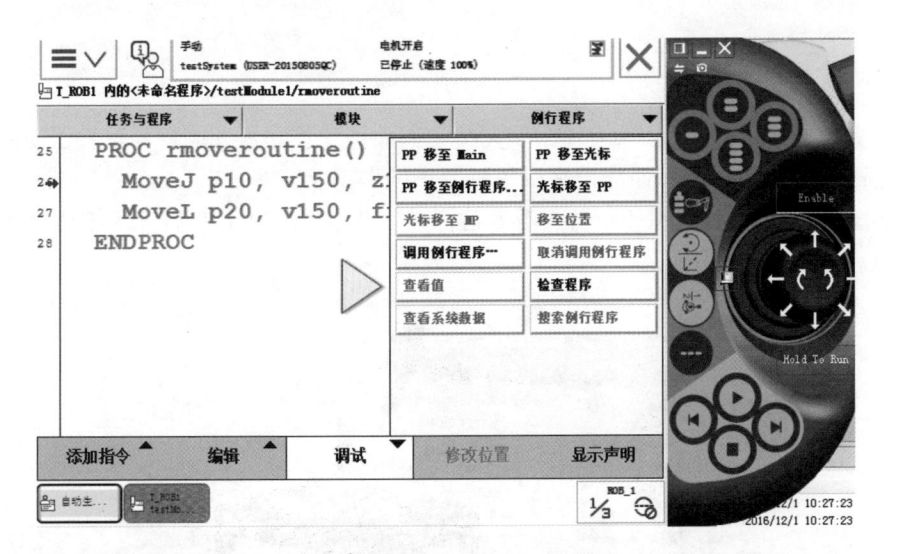

图2-137 进入"rmoveroutine"程序

机器人从 p10 直线运动到 p20 点如图 2-138 所示。

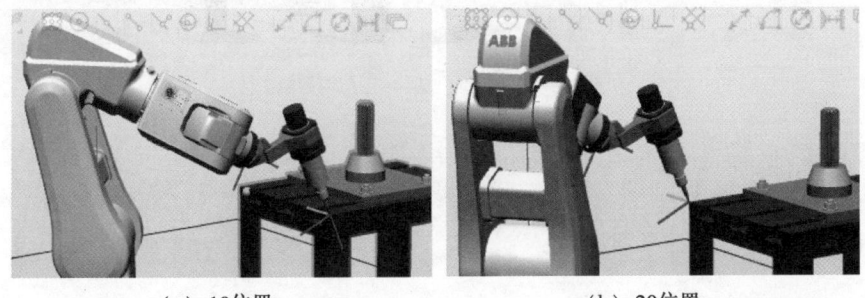

(a)p10位置　　　　　　　　　　　　(b)p20位置

图2-138 机器人从 p10 直线运动到 p20 点

⑤打开调试菜单,单击 PP 移至 main,PP 会自动指向主程序的第一句指令。在手动模式且在电机开启的状态下,按下程序启动按钮后仔细观察机器人的移动,如图 2-139 所示。

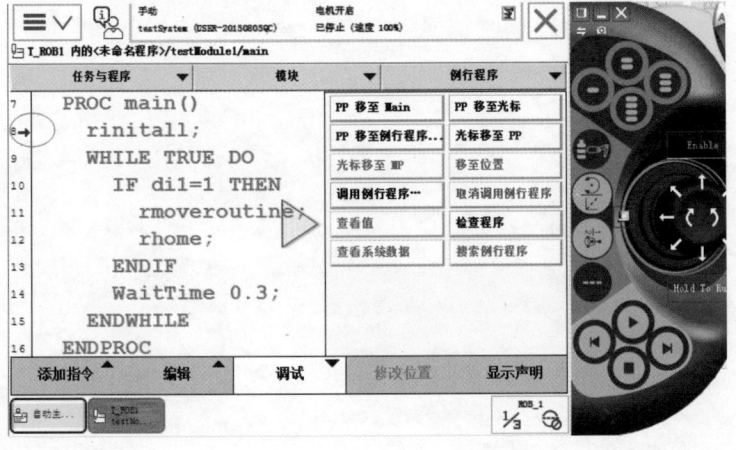

图2-139 调试 main 程序

五、思考与练习

1. 在机器人运行的过程中,为什么要先按下程序停止按钮后才能松开示教器使能键呢?

2. 怎样正确使用机器人使能键来调整机器人的姿态?

3. 如图 2-140 所示,编程使机器人沿着目标点 p10、p20、p30、p40 做直线运动,并使机器人能够自动运行此程序。

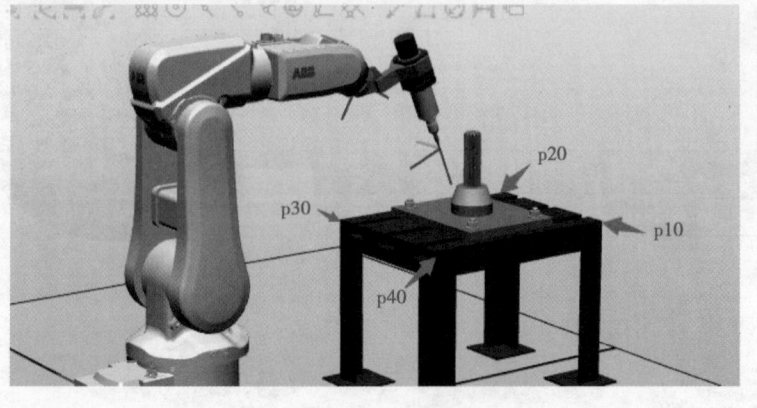

图 2-140　机器人做直线运动效果图

项目三

应用实例

任务一 TCP 定点（重定位）

一、任务描述

应用 ABB **IRB120** 机器人法兰盘抓取工具 1（图 3-1），并且定义工具坐标。通过两条编程指令 MoveL,MoveJ 来完成工具前、后、左、右和正上方的对位工作,效果如图 3-2 所示。最后更换工具 2,在不更改程序的条件下使其正常工作。

（a）工具1   （b）工具2

图 3-1 工具图

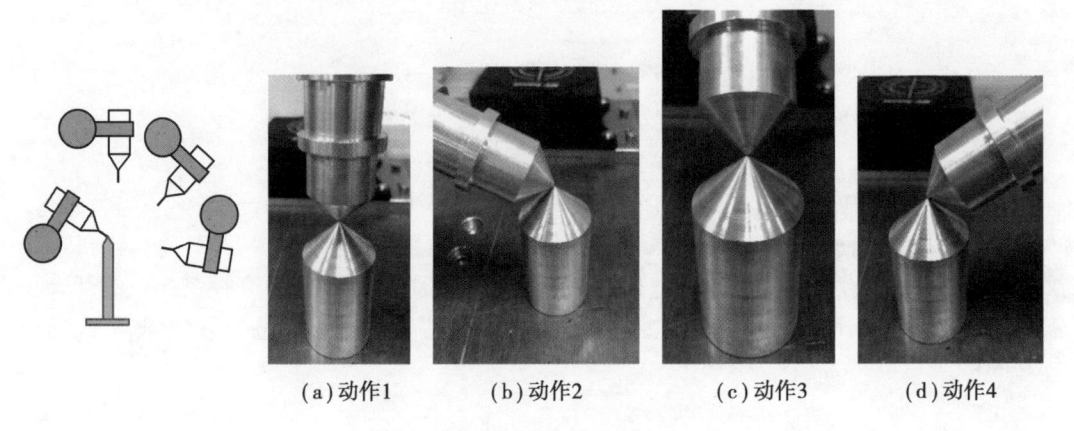

（a）动作1   （b）动作2   （c）动作3   （d）动作4

图 3-2 工具 1 姿态调整效果图

二、任务目标

知识目标:1. 理解 TCP 定点的概念及应用;
　　　　　2. 机器人姿态调整;
　　　　　3. 工具坐标设定。
技能目标:1. 掌握 TCP 定点的操作;
　　　　　2. 掌握常用程序指令的应用;
　　　　　3. 掌握不同工具 TCP 定点的应用。

三、知识储备

本 TCP 定点应用的操作流程如图 3-3 所示。从机器人启动到定点完毕回到工作原点,本操作选取一系列的示教点,然后在这些示教点之间使用 MoveL、MoveJ 指令。

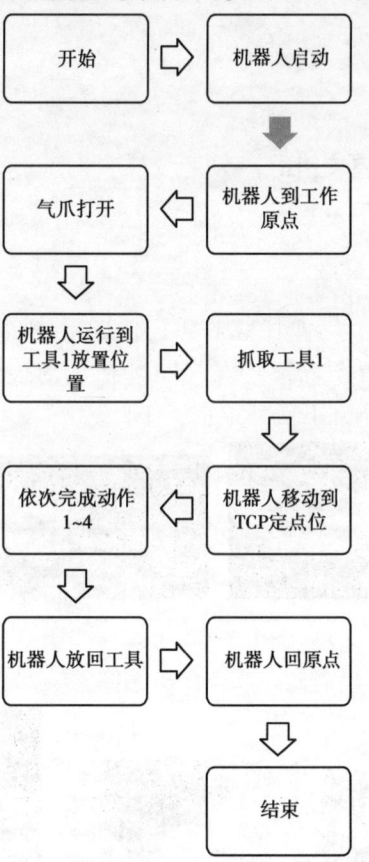

图 3-3　TCP 定点操作流程图

(1)机器人如何抓取工具

在机器人的 6 轴末端添加一个气动抓手,利用气动阀门(电磁阀)来控制抓手的开合。当需要抓取工具时,则将气动抓手闭合;当机器人运行到需要松开工具的位置时,则将气动抓手打开即可。

（2）机器人姿态的调整

机器人在运行过程中需要根据工作要求不断调整姿态,在机器人手动操作进行线性运动的同时,也要使用重定位运动进行姿态的调整,以满足工作的要求。

（3）结构化程序设计法

在本应用中,程序设计方法采用的是结构化设计的方法,把一些关键操作步骤,如抓取工具、放下工具、TCP 定点等编制成例行程序模块,实际运用时在主程序中调用这些例行程序即可。这样做的目的是可以使机器人的各个操作互相独立,不会产生干扰,也便于操作人员发现程序设计的问题。

四、任务实施

（一）建立 I/O 抓手

（1）配置 D652 I/O 板

①单击"ABB"图标,如图 3-4 所示。

②选择"控制面板",如图 3-4 所示。

图 3-4 示教器菜单

③选择"配置系统参数",如图 3-5 所示。

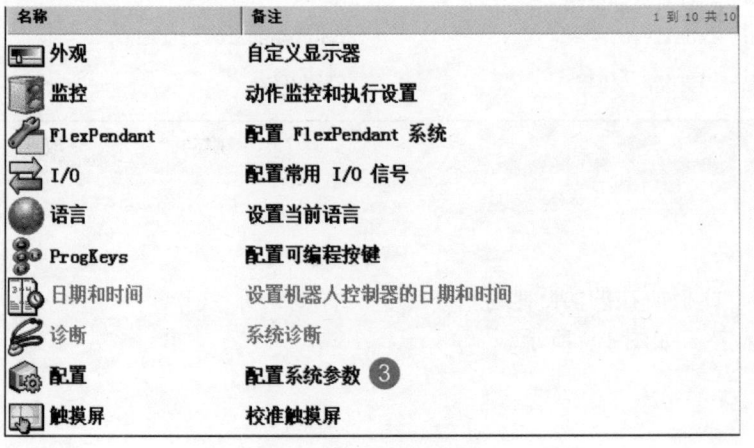

图 3-5 控制面板菜单

101

④双击选择("Unit"),如图3-6所示。

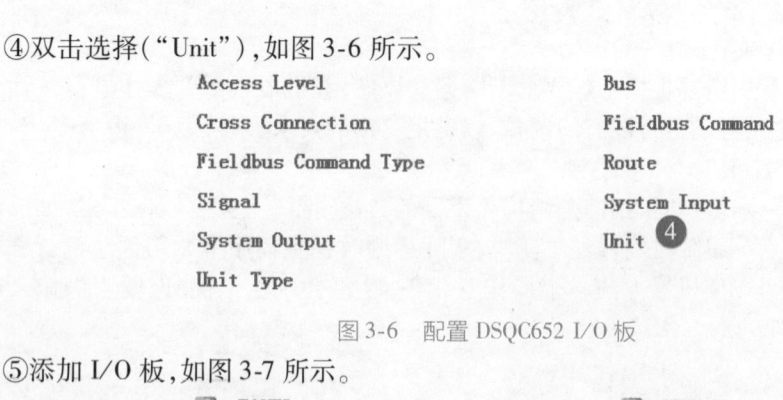

Access Level	Bus
Cross Connection	Fieldbus Command
Fieldbus Command Type	Route
Signal	System Input
System Output	Unit ④
Unit Type	

图3-6　配置DSQC652 I/O板

⑤添加I/O板,如图3-7所示。

🔑 PANEL	🔑 DRV_1
🔑 DRV_2	🔑 DRV_3
🔑 DRV_4	

| 编辑 | 添加 ⑤ | 删除 |

图3-7　添加I/O板

⑥双击命名该I/O板(10代表此模块在DeviceNet总线中的地址,以方便识别),如图3-8所示。

⑦选取DeviceNet1总线协议,如图3-8所示。

⑧该I/O板的实际型号为d652,如图3-8所示。

⑨拖动到底部,如图3-8所示。

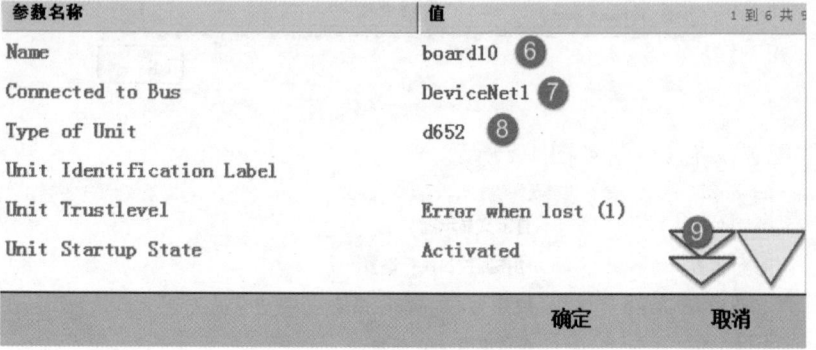

参数名称	值	1到6共
Name	board10 ⑥	
Connected to Bus	DeviceNet1 ⑦	
Type of Unit	d652 ⑧	
Unit Identification Label		
Unit Trustlevel	Error when lost (1)	
Unit Startup State	Activated	⑨
	确定	取消

图3-8　编辑I/O板参数

⑩设置该I/O板所在的实际地址(10-63),如图3-9所示。

⑪单击"确定",如图3-9所示。

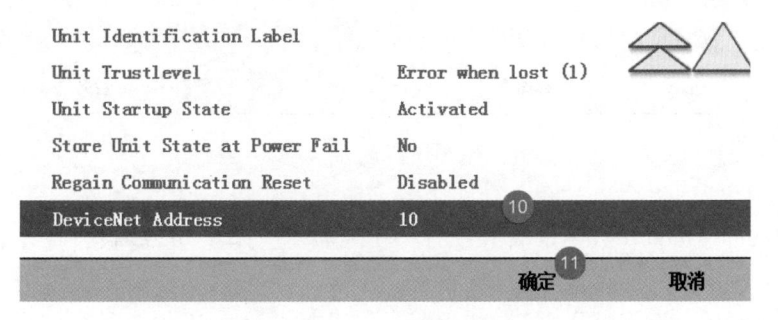

图 3-9　设置 I/O 板地址

⑫是否需要重新启动控制器,如果选择"是",控制器会重启,重新启动完成后再进入第③步的界面即可,如图 3-10 所示。

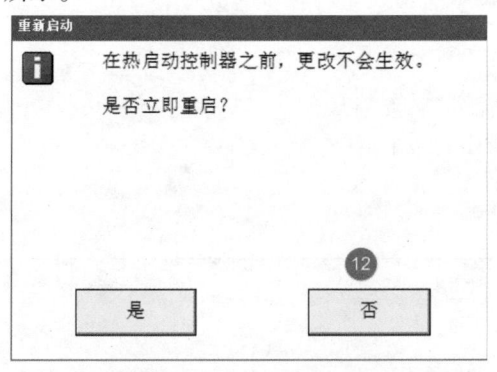

图 3-10　判断是否重新启动

⑬后退到配置系统参数界面,如图 3-11 所示。

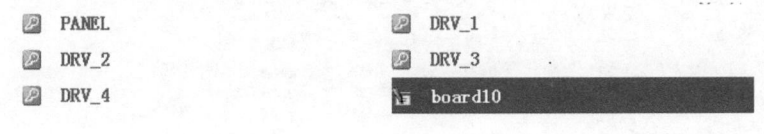

图 3-11　DSQC652 板配置完成

(2)添加抓手控制输出信号 Do0

①双击进入 I/O 配置,如图 3-12 所示。

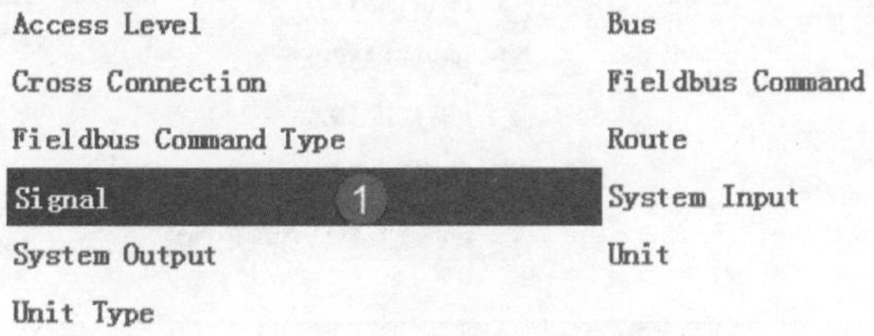

Access Level	Bus
Cross Connection	Fieldbus Command
Fieldbus Command Type	Route
Signal ①	System Input
System Output	Unit
Unit Type	

图 3-12　配置 I/O 信号

②添加 I/O(数字量输出),如图 3-13 所示。

| 编辑 | 添加 ② | 删除 | | 后退 |

图 3-13 添加信号

③双击输入该点的名称(这里先建一个数字输出),如图 3-14 所示。

④选择 Digital Output(数字量输出)(根据实际需要选择,该 d652 板只有数字量输入和输出),如图 3-14 所示。

⑤选择 board10(实战 ABB 652 I/O 板配置中建立的 board10),如图 3-14 所示。

⑥该输入点的实际地址(d652 是 16 点输入,所以地址可以是 0-15),如图 3-14 所示。

⑦单击"确定",如图 3-14 所示。

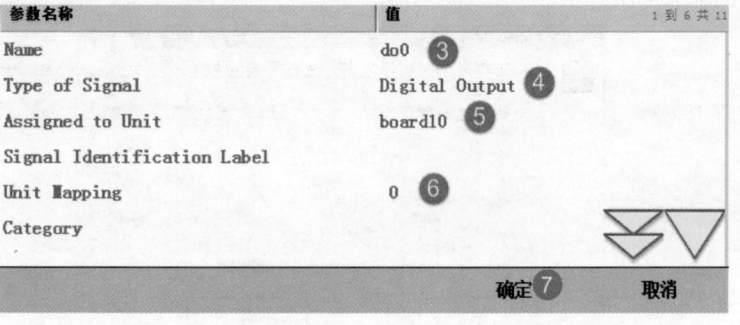

参数名称	值	1 到 6 共 11
Name	do0 ③	
Type of Signal	Digital Output ④	
Assigned to Unit	board10 ⑤	
Signal Identification Label		
Unit Mapping	0 ⑥	
Category		

确定 ⑦　　　取消

图 3-14 设置信号参数

⑧单击"否"(待用户设置完所有 I/O 后再重新启动),如图 3-15 所示。

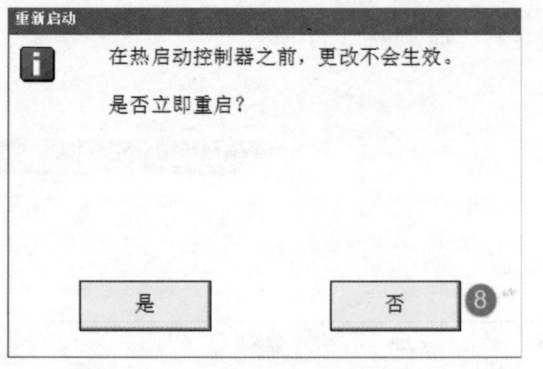

重新启动

ℹ 在热启动控制器之前,更改不会生效。

是否立即重启?

是　　　　否 ⑧

图 3-15 是否热启动控制器

⑨do0 就是已建好的数字量输出信号端口,如图 3-16 所示。

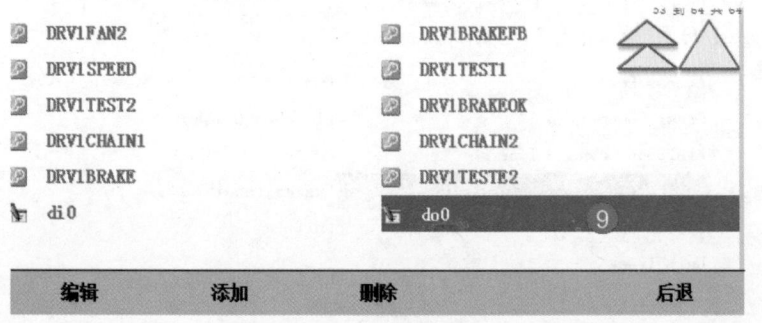

DRV1FAN2	DRV1BRAKEFB
DRV1SPEED	DRV1TEST1
DRV1TEST2	DRV1BRAKEOK
DRV1CHAIN1	DRV1CHAIN2
DRV1BRAKE	DRV1TESTE2
di0	do0 ⑨

| 编辑 | 添加 | 删除 | | 后退 |

图 3-16 信号 di0 创建完成

（二）建立工具坐标

①手动进入操作控制页面,选择工具坐标,如图3-17所示。

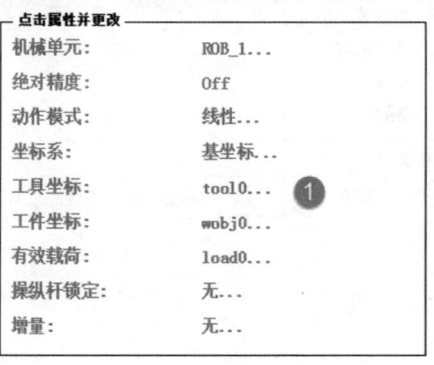

图3-17 手动操纵界面

②新建一个工具坐标,如图3-18所示。

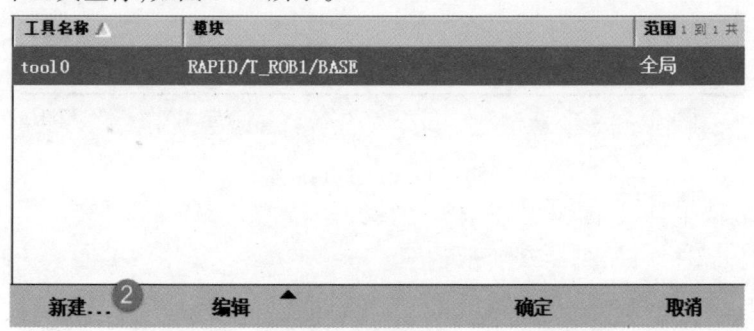

图3-18 新建工具

③将该工具坐标命名为"tool1",如图3-19所示。

④单击"确定"(其他参数默认即可),如图3-19所示。

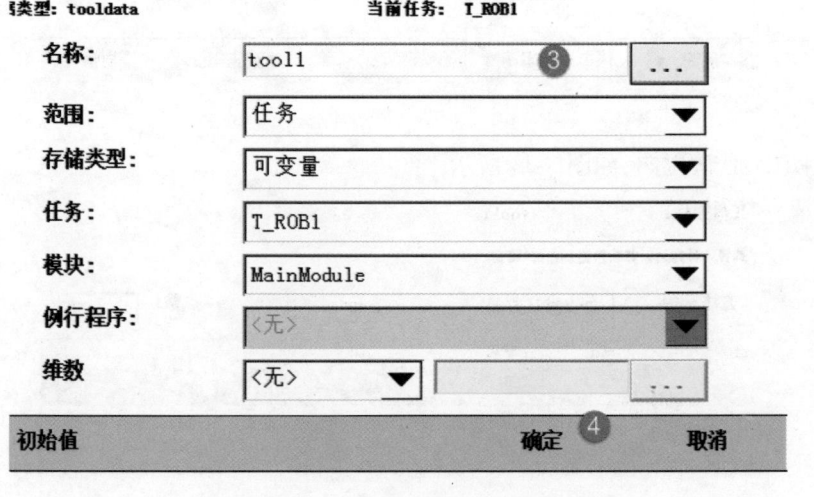

图3-19 修改工具坐标参数

⑤选中刚才建立的tool1工具坐标,然后单击"编辑",如图3-20所示。

⑥选择"更改值",如图3-20所示。

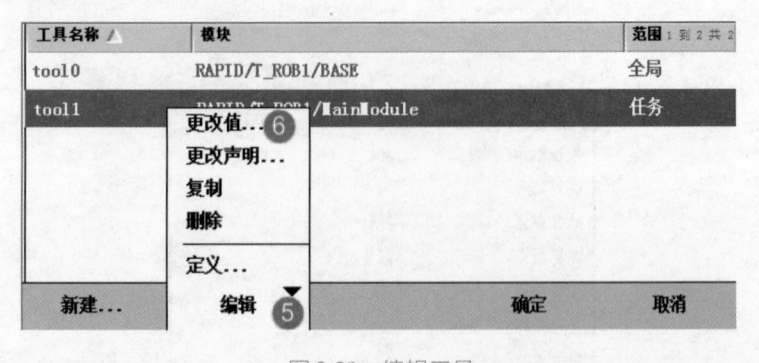

图 3-20　编辑工具

⑦修改"mass：＝"的值，将其默认为"－1"，再将其改为"1"（此工具质量不大，可以给一个估算的质量），如图 3-21 所示。

⑧单击"确定"，如图 3-21 所示。

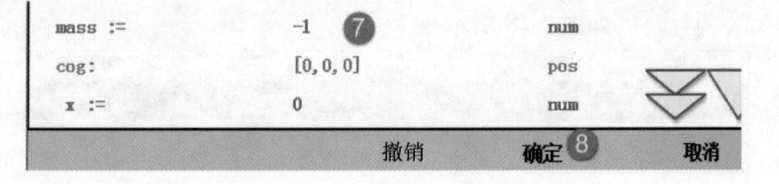

图 3-21　设定工具质量

⑨选中"tool1"工具，如图 3-22 所示。

⑩单击"编辑"选项，如图 3-22 所示。

⑪选择"定义"，如图 3-22 所示。

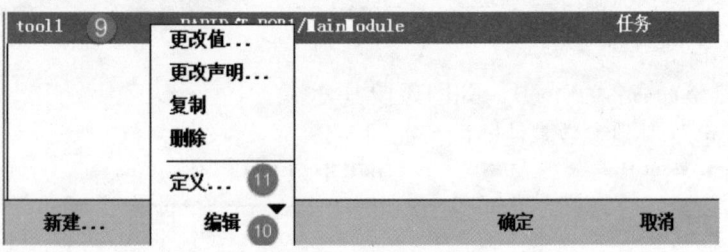

图 3-22　定义工具坐标

⑫使用 TCP 默认方向，如图 3-23 所示。

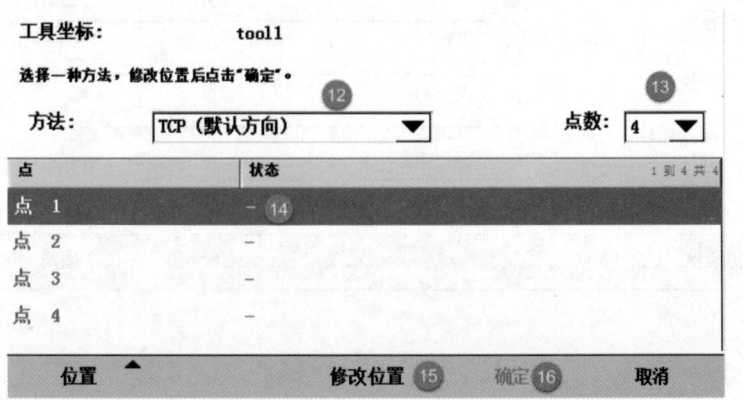

图 3-23　选择定义工具坐标的方法

⑬使用4点法,如图 3-23 所示。

⑭将机器人移动到动作1的位置,如图 3-23 所示。

⑮修改位置(重复步骤⑭~⑮,分别将点1、2、3、4的位置修改为动作1、动作2、动作3、动作4),如图 3-23 所示。

⑯单击"确定",如图 3-23 所示。

⑰单击"是",如图 3-24 所示。

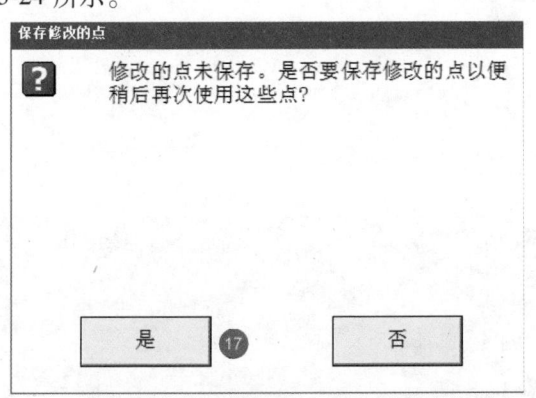

图 3-24　保存点的位置

⑱修改此模块的名称(默认即可),如图 3-25 所示。

⑲单击"确定",如图 3-25 所示。

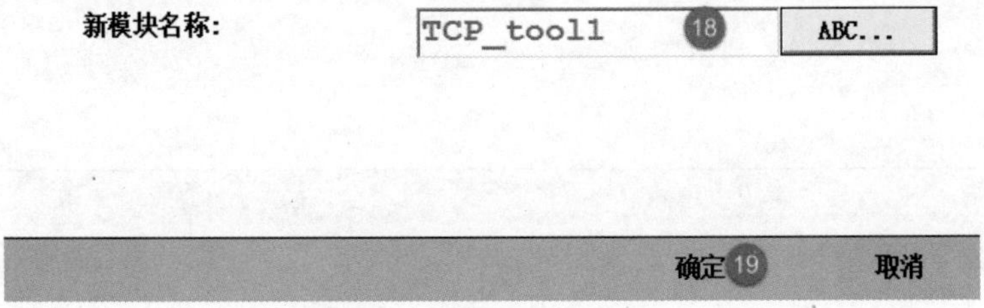

图 3-25　修改模块的名称

(三)程序编写

(1)建立 Main 程序和子程序

①进入"程序编辑器",如图 3-26 所示。

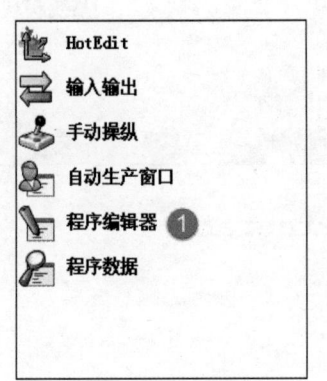

图 3-26　示教器菜单

②单击"文件",如图 3-27 所示。

③选择"新建模块",如图 3-27 所示。

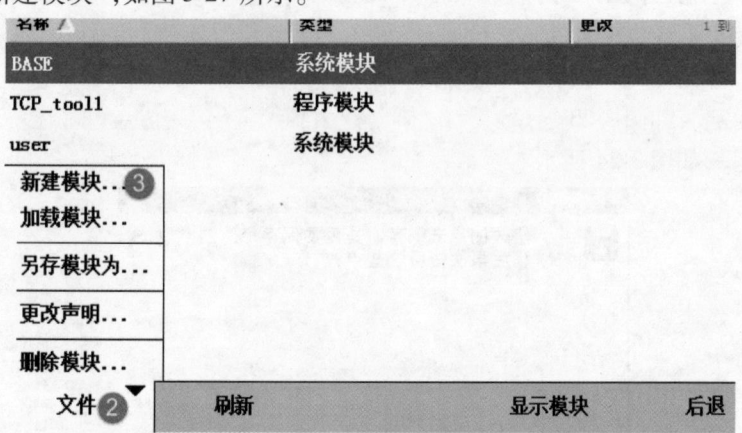

图 3-27　新建模块

④输入模块名称,如图 3-28 所示。

⑤单击"确定",如图 3-28 所示。

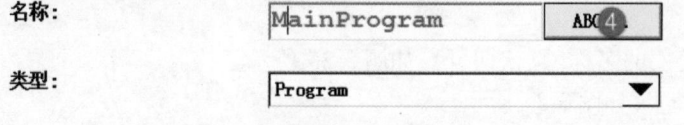

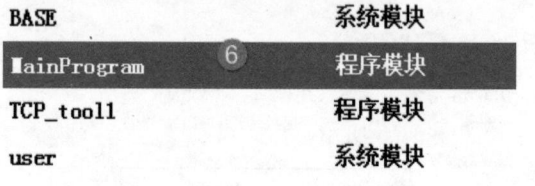

图 3-28　输入模块名称

⑥双击"MainProgram"程序模块,如图 3-29 所示。

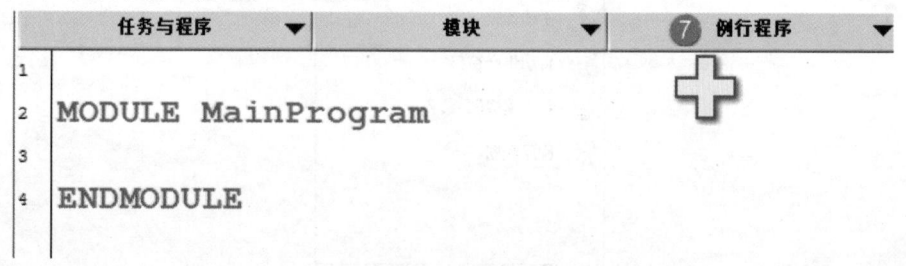

图 3-29　双击"MainProgram"程序模块

⑦单击"例行程序",如图 3-30 所示。

任务与程序 ▼	模块 ▼	⑦ 例行程序 ▼

```
1
2  MODULE MainProgram
3
4  ENDMODULE
```

图 3-30　打开程序模块

⑧单击"文件",如图 3-31 所示。
⑨选择"新建例行程序",如图 3-31 所示。

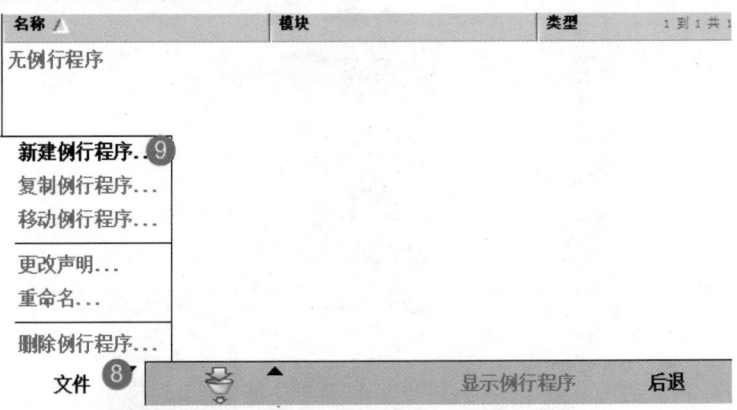

图 3-31 新建例行程序

⑩新建一个"main"主程序,如图 3-32 所示。
⑪单击"确定"(其他默认),如图 3-32 所示。

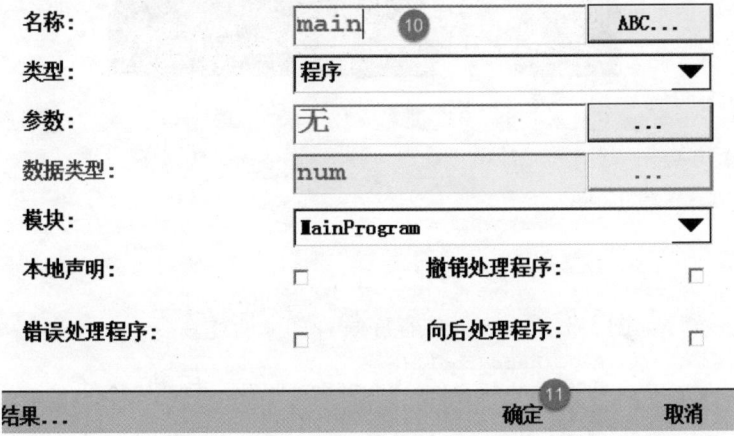

图 3-32 创建主程序 main

⑫根据上一步骤分别建立 Tcp_Work 子程序、hand_tool1 子程序、down_tool1 子程序,如图 3-33 所示。

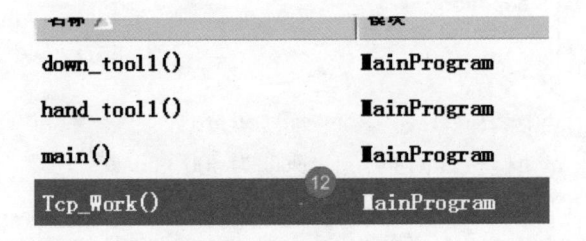

图 3-33 创建多个子程序

(2)编写抓取工具 hand_tool1 子程序
机器人抓取工具到达点位置如图 3-34 所示,图中所示 5 个点的说明如下所述。
①原点。

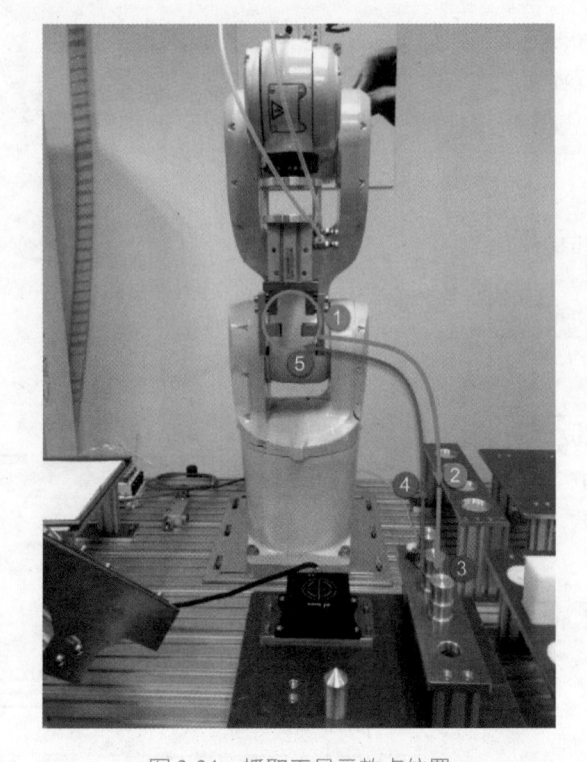

图 3-34　抓取工具示教点位置

②工具正上方点。

③抓取或放下工具的点。

④工具正上方点。

⑤原点。

抓取工具子程序如图 3-35 所示，具体程序解释如下所述。

```
14   PROC hand_tool1()
15   ❶ MoveAbsJ home\NoEOffs, v400, z50, tool0;
16   ❷ MoveJ *, v200, z50, tool0;
17   ❸ MoveL *, v100, fine, tool0;
18   ❹ Set do0;
19   ❺ WaitTime 1;
20   ❻ MoveL *, v100, z50, tool1;
21   ❼ MoveJ home1, v200, z50, tool1;
22   END PROC
```

图 3-35　hand_tool1 子程序

①在任何姿态下，先使机械臂回原点①，速度为 400 mm/s。

②机械臂移动到工具的正上方位置②。

③机械臂使用直线移动，以慢速为 100 mm 的速度移动到抓取位置③，接近距离选择 fine 完全到达该点位。

④置位 do0，使抓手夹紧，抓取工具。

⑤延时 1 s。

⑥以慢速直线方式抬起工具（移动到位置④，并且将工具 tool0 换成 tool1）。

⑦回到位置⑤(home1)(在抓取工具后,工具坐标均要使用 tool1)。

(3)编写放下工具 down_tool1 子程序

机器人放下工具到达点位置如图 3-36 所示,图中所示 5 个点的说明如下所述。

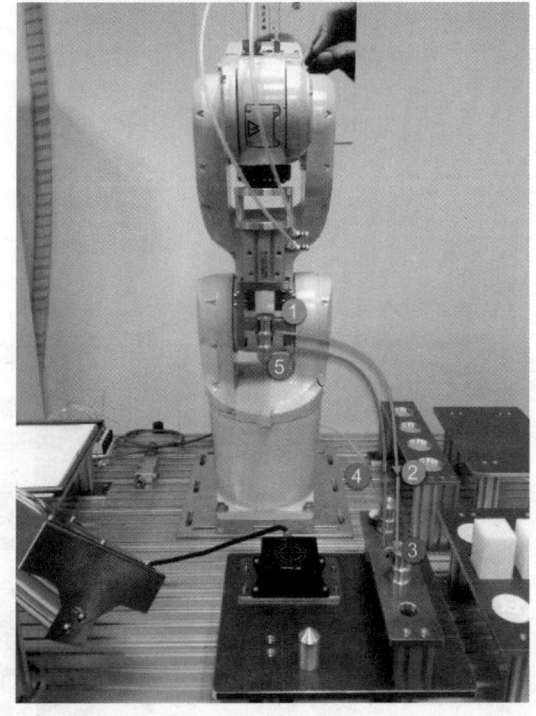

图 3-36 放置工具示教点位置

①原点。

②工具位正上方点。

③抓取或放下工具的点。

④工具正上方点。

⑤原点。

放下工具子程序如图 3-37 所示,具体程序解释如下所述。

```
23    PROC down_tool1()
24  ① MoveAbsJ home\NoEOffs, v400, z50, tool1;
25  ② MoveJ *, v200, z50, tool1;
26  ③ MoveL *, v100, fine, tool1;
27  ④ Reset do0;
28  ⑤ WaitTime 1;
29  ⑥ MoveL *, v100, z50, tool0;
30  ⑦ MoveJ home1, v100, z50, tool0;
31    END PROC
```

图 3-37 down_tool1 子程序

①在任何姿态下,先使机械臂回原点①,速度为 400 mm/s。

②机械臂移动到工具的正上方位置②。

③机械臂使用直线移动,以慢速为 100 mm 的速度移动到抓取位置③,接近距离选择 fine

使之完全达到。

④复位 do0,使抓手松开,放下工具。

⑤延时 1 s。

⑥以慢速直线方式抬起工具(移动到位置④,并且将工具 tool1 换成 tool0)。

⑦回到位置⑤(home1)(在放下工具后,工具坐标均要使用 tool0)。

(4)编写 Tcp_Work 定点子程序

①原点。

②工作位正上方。

③垂直于工作位,点对点如图 3-38(a)所示。

④工作位正上方。

重复步骤②~③,完成如图 3-38(b)、(c)、(d)中的对位,结束后回①位置。

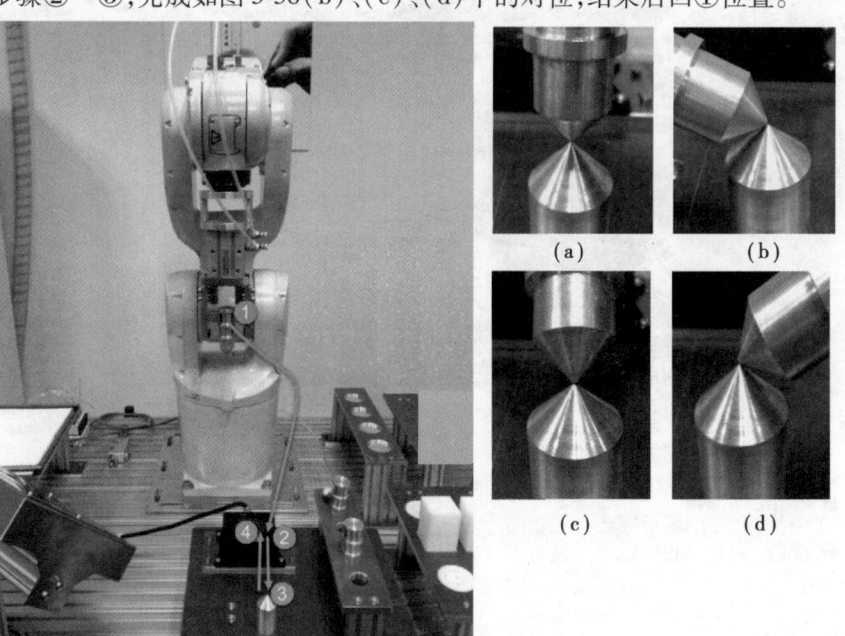

图 3-38　定点位置及轨迹

具体程序解释如下所述。

①在任何姿态下,先使机械臂回原点①,速度为 400 mm/s。

②开始图 3-38(a)中的定点,此行是备注。

③机械臂移动到定点位的正上方。

④直线移动到定点位置,使用 fine 完全到达该位置。

⑤延时 1 s。

⑥直线慢速抬起工具。

⑦备注:开始图 3-38(b)中的定点。

⑧机械手移动到定点位置的左上方。

⑨机械手以慢速接近定点位置。

⑩延时 1 s。

⑪往左上方抬起。

⑫备注:开始图 3-38(c)中的定点。

⑬机械手移动到定点位置的后上方。

⑭机械手以慢速直线接近定点位置。

⑮延时 1 s。

⑯机械手以慢速直线离开定点位置。

⑰备注:开始图 3-38(d)中的定点。

⑱机械手移动到定点位置的右上方。

⑲机械手以慢速直线接近定点位。

⑳延时 1 s。

㉑机械手以慢速直线离开定点位。

㉒机械手回 home1 位。

Tcp_Work 定点子程序如图 3-39 所示。

```
11   PROC Tcp_Work()
12  ① MoveAbsJ home\NoEOffs, v400, z50, tool1;
13  ② !A
14  ③ MoveJ *, v200, z50, tool1;
15  ④ MoveL *, v100, fine, tool1;
16  ⑤ WaitTime 1;
17  ⑥ MoveL *, v100, z50, tool1;
18  ⑦ !B
19  ⑧ MoveJ *, v200, z50, tool1;
20  ⑨ MoveL *, v100, fine, tool1;
21  ⑩ WaitTime 1;
22  ⑪ MoveL *, v100, z50, tool1;
23  ⑫ !C
23     !C
24  ⑬ MoveJ *, v200, z50, tool1;
25  ⑭ MoveL *, v100, fine, tool1;
26  ⑮ WaitTime 1;
27  ⑯ MoveL *, v100, z50, tool1;
28  ⑰ !D
29  ⑱ MoveJ *, v200, z50, tool1;
30  ⑲ MoveL *, v100, fine, tool1;
31  ⑳ WaitTime 1;
32  ㉑ MoveL *, v100, z50, tool1;
33  ㉒ MoveJ home1, v400, z200, tool1;
34   ENDPROC
```

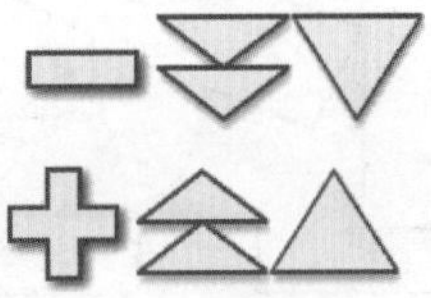

图 3-39　Tcp_Work 定点子程序

(5)主程序调用

①抓取工具。

②定位动作。

③放回工具。

以上步骤完成就完成了一个完整动作。

main 主程序如图 3-40 所示。

```
7    PROC main()
8   ① hand_tool1;
9   ② Tcp_Work;
10  ③ down_tool1;
11   ENDPROC
```

图 3-40　main 主程序

五、思考与练习

1. 为什么在机器人接近工具时，手动操纵的速度要尽可能地慢，并且在路径上多添加一些示教点？

2. 在抓取工具或放下工具时，要使机器人垂直上升或下降，为什么使用动作模式"线性"来操纵直上直下？

3. 尝试使用工具 2 运行整个程序。

任务二 "华"书写现场编程

一、任务描述

操作臂最常用的轨迹规划方法有两种：第一种是要求对于选定的轨迹结点（插值点）上的位姿、速度和加速度给出一组显式约束（例如连续性和光滑程度等），轨迹规划器从一类函数（例如 n 次多项式）选取参数化轨迹，对结点进行插值，并满足约束条件。第二种方法要求给出运动路径的解析式。

本项目按照"华"字样轨迹完成书写编程练习，如图 3-41 所示，使用工具如图 3-42 所示。

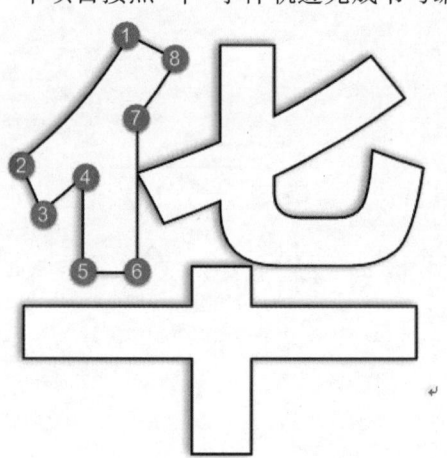

图 3-41 "华"字样轨迹

图 3-42 工具 2

二、任务目标

知识目标：1. "华"轨迹规划应用描述；
　　　　　　2. "华"轨迹规划操作流程；
　　　　　　3. "华"字程序编写。

技能目标：1. 掌握"华"轨迹规划的整个操作过程；
　　　　　　2. 能够独立编写"华"字程序。

三、知识储备

"华"字轨迹规划应用的操作流程如图 3-43 所述。

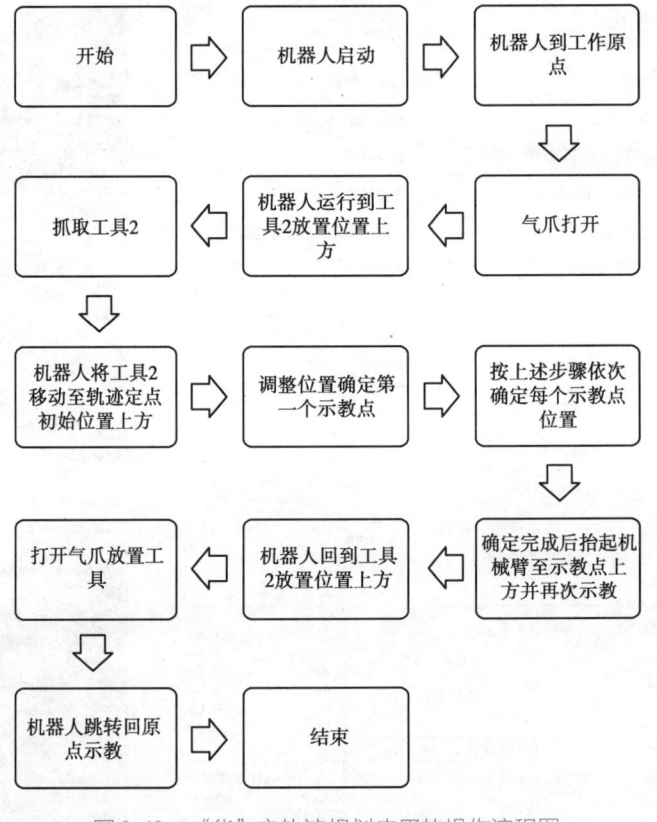

图 3-43 "华"字轨迹规划应用的操作流程图

（1）机器人如何抓取工具

在机器人的 6 轴末端添加一个气动抓手，利用气动阀门（电磁阀）来控制抓手的开合。当需要抓取工具时，则将气动抓手闭合；当机器人运行到位置需要松开工具时，则将气动抓手打开即可。

（2）准备工作

进行轨迹示教前，先要确定轨迹路径（例如在图纸上先行标记好示教点位置，可以更方便操作）。

（3）轨迹定点示教

将机器人通过手动控制将工具 2 移动到轨迹标注的定点上并逐一进行示教点，运用 MoveL、MoveJ、MoveC 等程序指令编写轨迹程序。

（4）结构化程序设计法

本程序可由设计路径、抓放工具、示教轨迹定点 3 个部分来实现轨迹规划。

四、任务实施

（一）创建工具坐标

①在示教器的主菜单里单击"手动操作"，如图 3-44 所示。

②单击"工具坐标"，如图 3-45 所示。

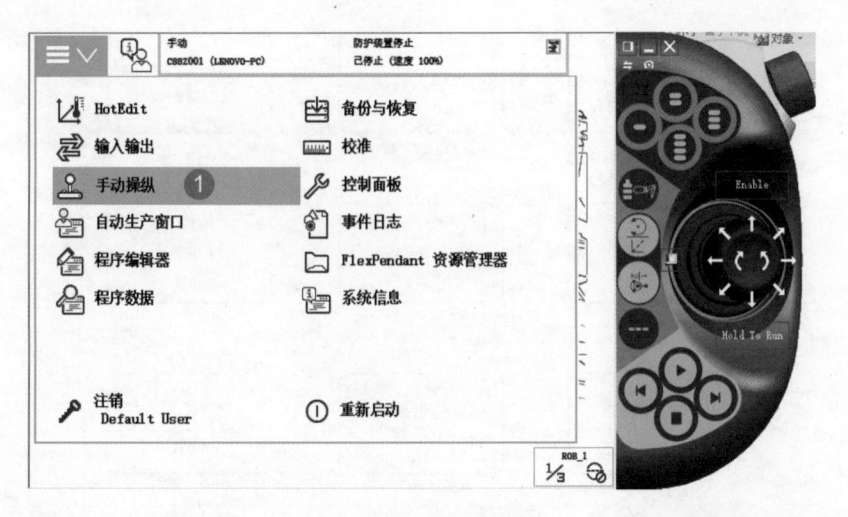

图 3-44　示教器主菜单

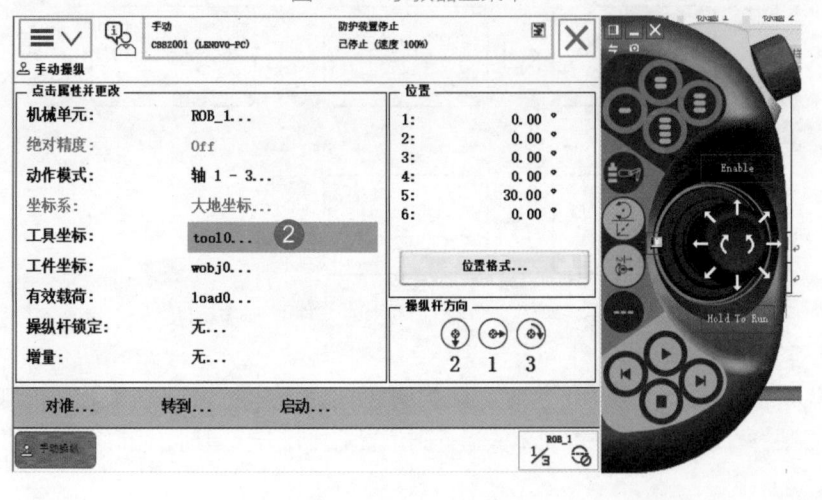

图 3-45　手动操纵界面

③单击"新建"创建工具坐标，如图 3-46 所示。

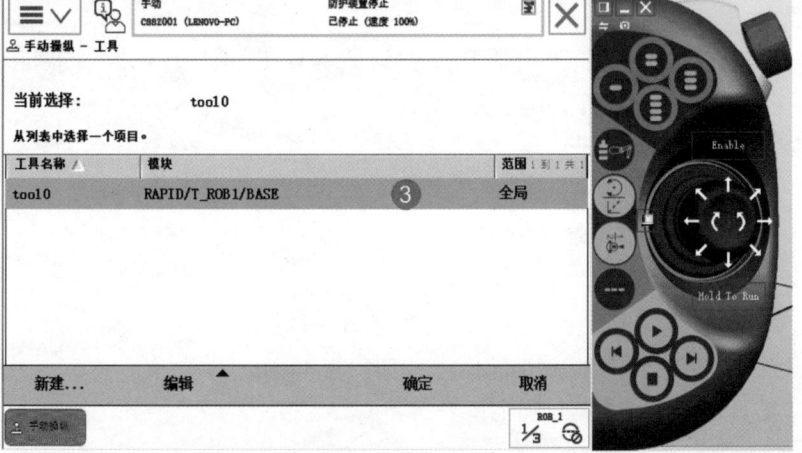

图 3-46　新建工具

④设置新建的工具坐标名称等参数,如图 3-47 所示。

图 3-47 修改工具坐标参数

⑤选择"tool1"单击"编辑"选择"更改值",如图 3-48 所示。

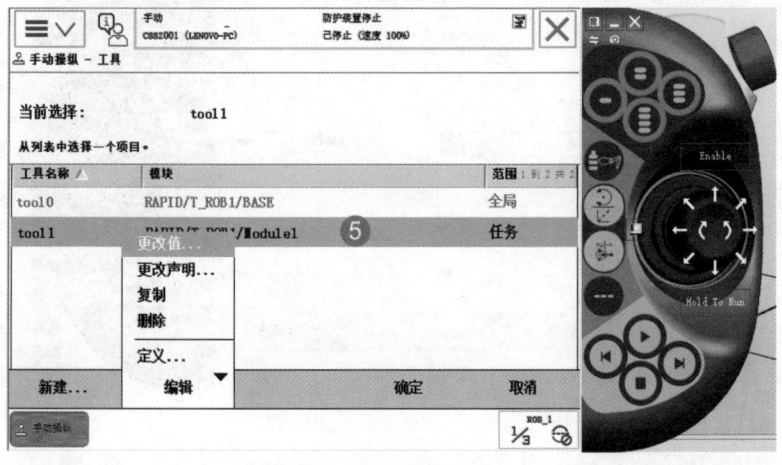

图 3-48 编辑工具

⑥根据实际需要设定质量"mass"参数,然后单击"确定",如图 3-49 所示。

图 3-49 设定工具质量

⑦继续单击"编辑"选择"定义"选项，如图 3-50 所示。

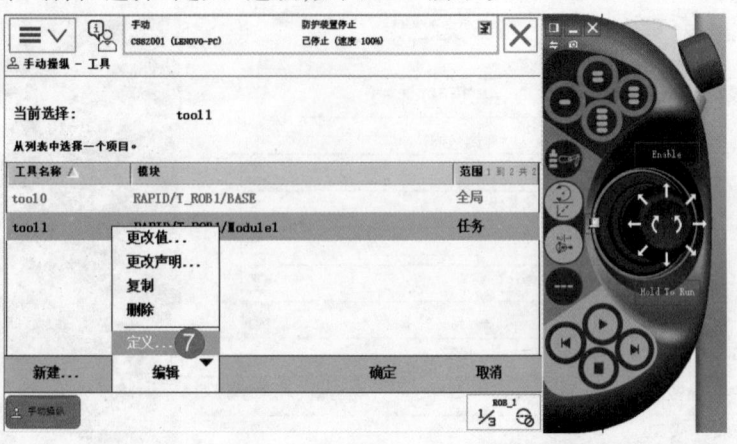

图 3-50　定义工具坐标

⑧选择"TCP 和 Z,X"方法，如图 3-51 所示。

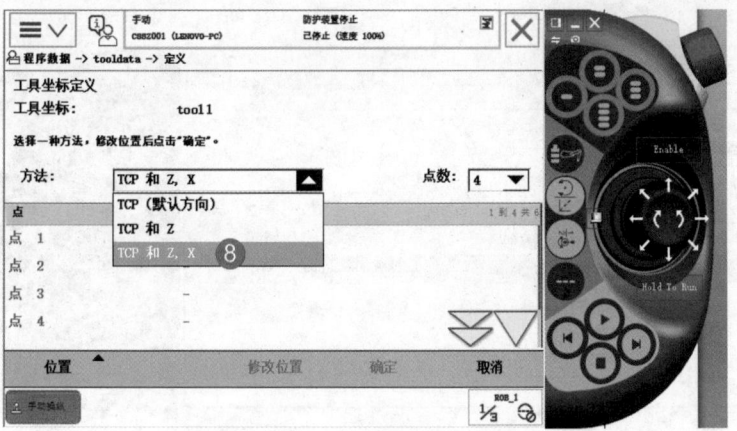

图 3-51　选择定义工具坐标的方法

⑨工具以如图 3-52 所示接近固定参考点，然后单击"修改位置"。

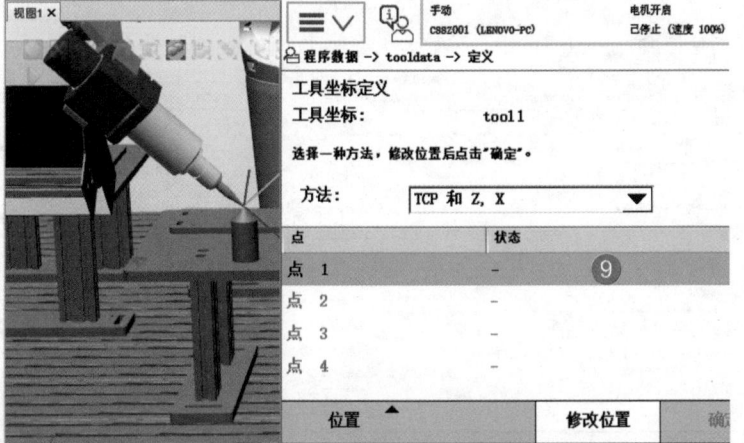

图 3-52　示教第一点

注：首先以单轴调整工具姿态，然后以线性运动接近。

⑩以如图3-53所示姿态接近目标参考点,单击"修改位置"确定第2点位置。

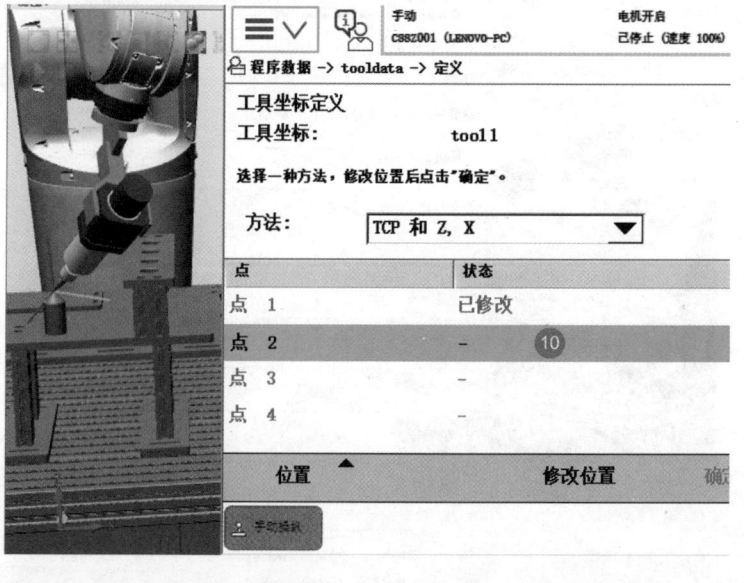

图3-53 示教第二点

⑪以如图3-54所示姿态接近目标参考点,然后单击"修改位置"。

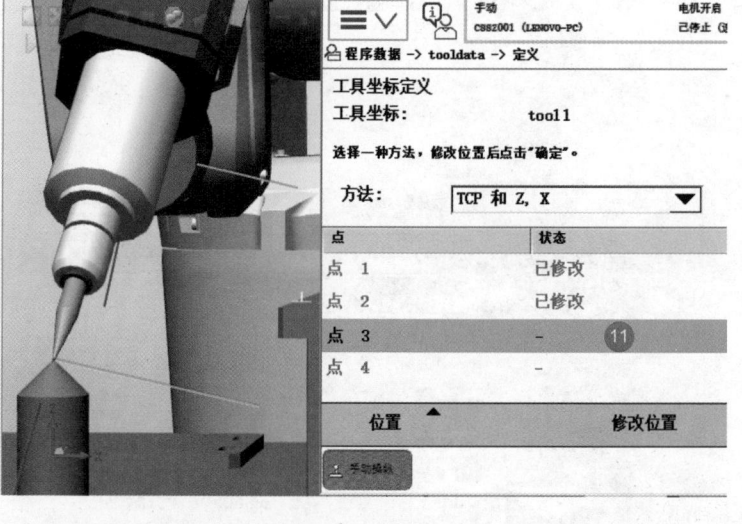

图3-54 示教第3点

说明:3点的姿态变化尽量相差较大,这样有利于工具坐标的精确。

⑫以垂直姿态接近目标参考点,单击"修改位置"确定第4点位置,如图3-55所示。

⑬如图3-56所示方向确定为延伸器点X的位置。

注:设定的X方向与原TCP(tool0)Y轴方向一致,在后续验证时注意观察变化。

⑭如图3-57所示方向为延伸器点Z轴位置。

⑮完成所有点的位置修改后,单击"确定",如图3-58所示。

⑯弹出的窗口显示了创建的工具坐标的误差数值,如图3-59所示。

⑰在工具名称中出现tool1的工具坐标,完成创建,如图3-60所示。

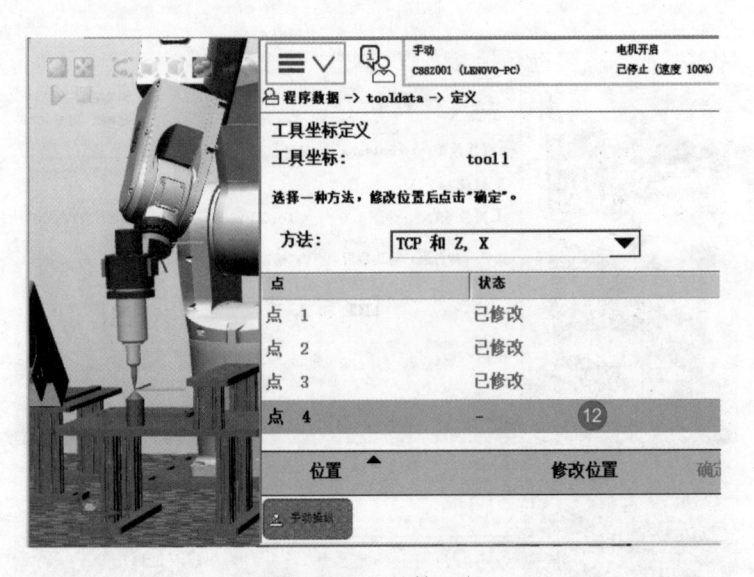

图 3-55 示教第 4 点

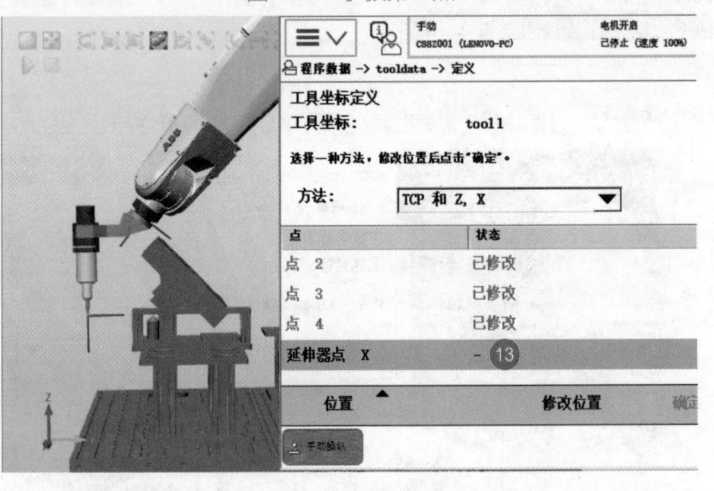

图 3-56 示教延伸器点 X

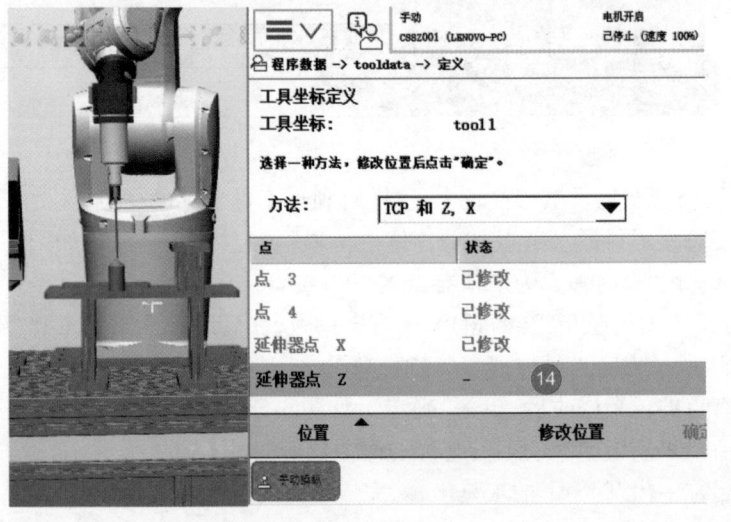

图 3-57 示教延伸器点 Z

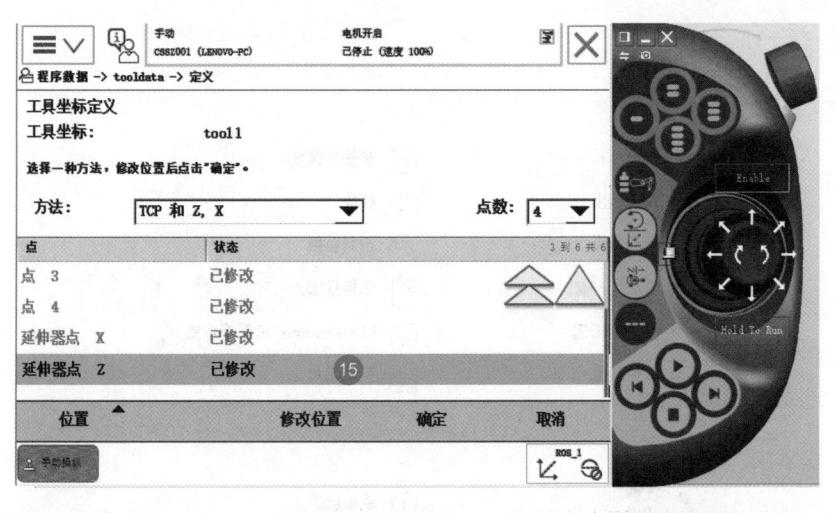

图 3-58 完成所有点的示教

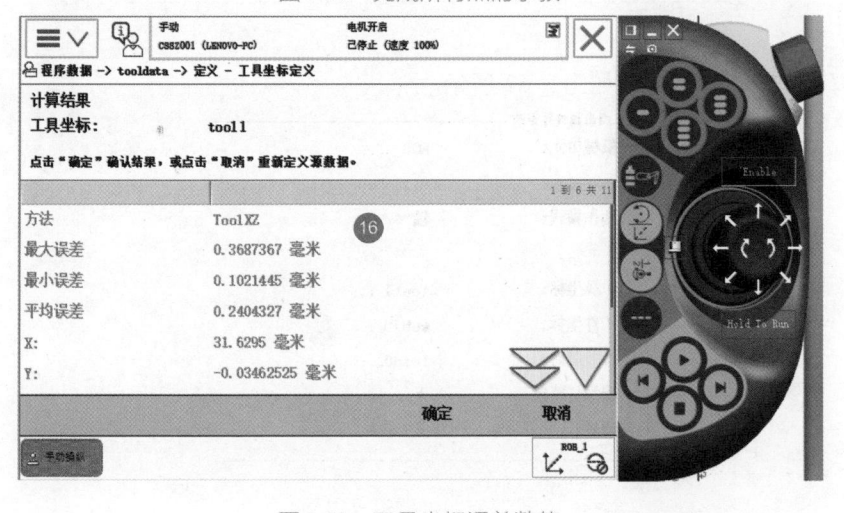

图 3-59 工具坐标误差数值

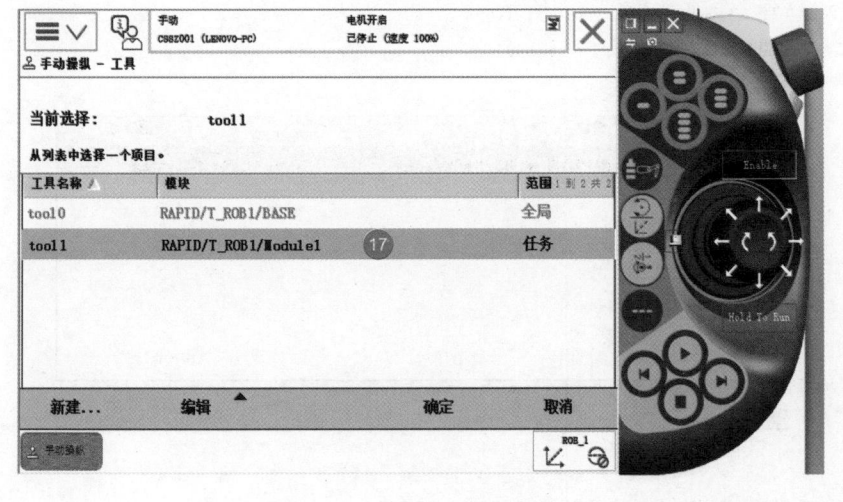

图 3-60 工具坐标创建完成

（二）创建工件坐标

①选择"手动操纵"选项，如图3-61所示。

图3-61 示教器菜单

②选择"工件坐标"选项，如图3-62所示。

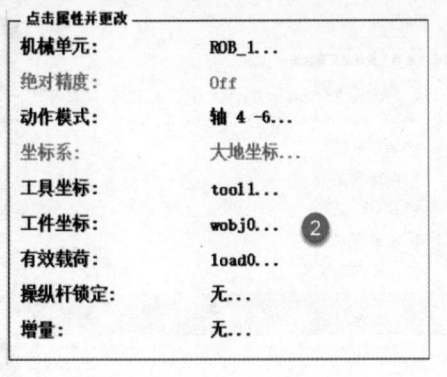

图3-62 手动操纵界面

③选择"新建"选项，如图3-63所示。

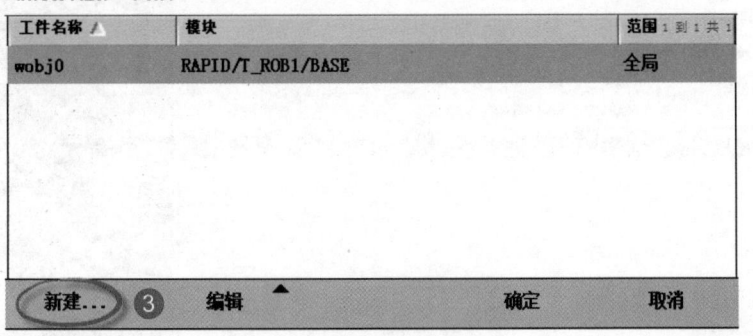

图3-63 新建工作坐标

④无须更改设置，单击"确定"，如图3-64所示。

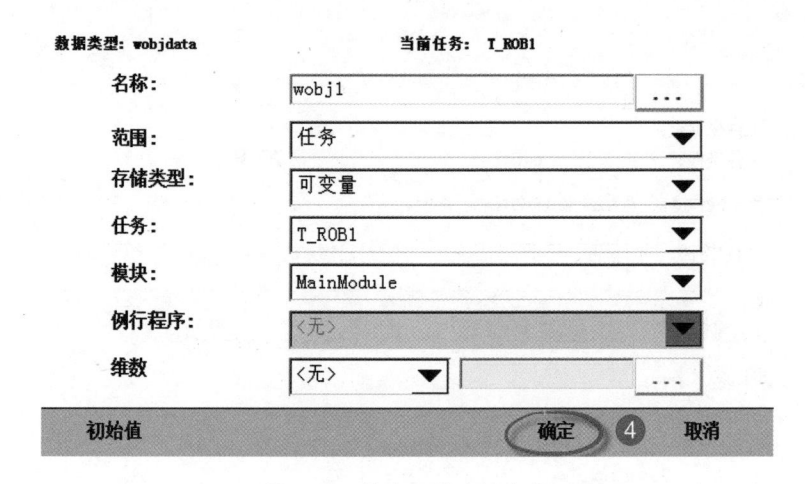

图 3-64　修改工件坐标参数

⑤选定"wobj1",选择"定义"—"编辑",如图 3-65 所示。

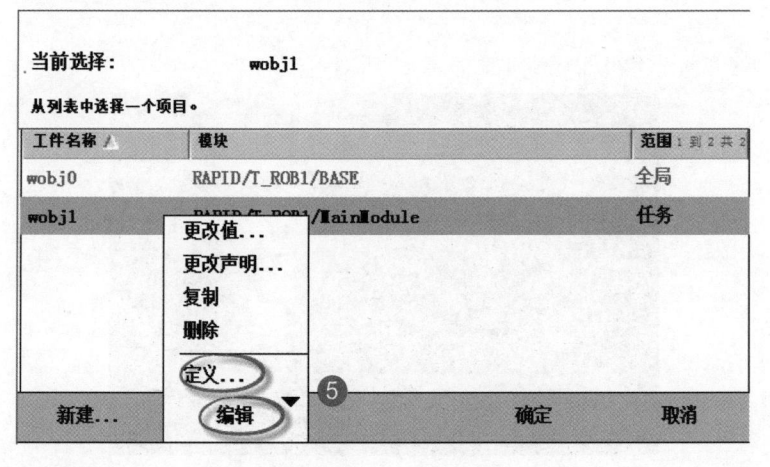

图 3-65　定义工件坐标

⑥用户方法选择"3 点",如图 3-66 所示。

⑦依次设置第 2、3、4 项,如图 3-66 所示。

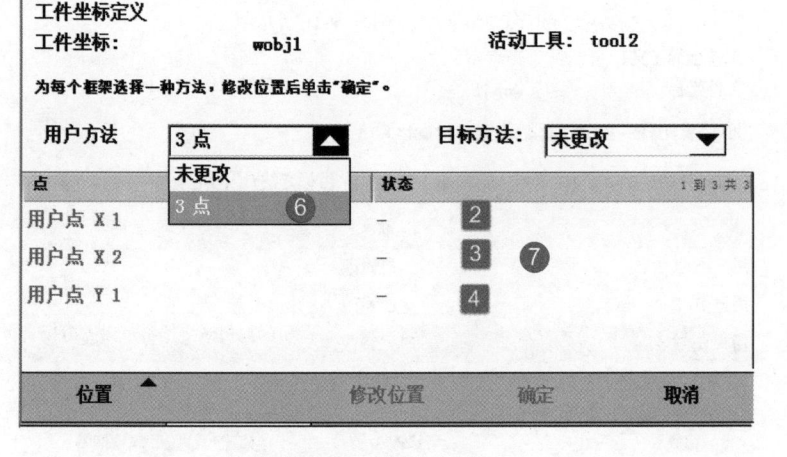

图 3-66　选择 3 点法

⑧设置用户点。

a. 选定"用户点 X1"，如图 3-67 所示。

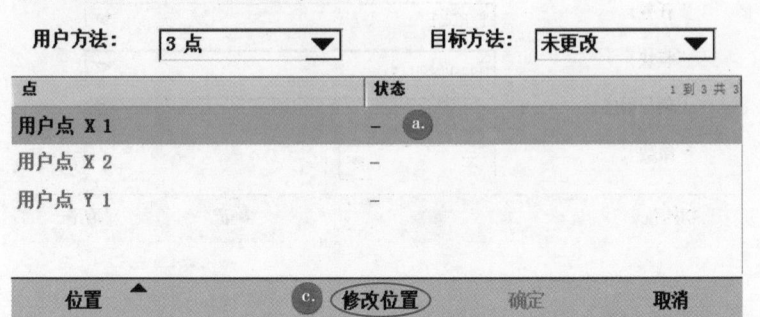

图 3-67　示教第 X1 点

b. 如图 3-68 所示，将机器人夹取"工具 2"后对准工件台"A"点位置。

图 3-68　机器人移动到点 A 位置

c. 选择"修改位置"，如图 3-69 所示。

"B""C"同样按此步骤修改位置。

⑨确认完成用户点设置后，选择"确定"，如图 3-69 所示。

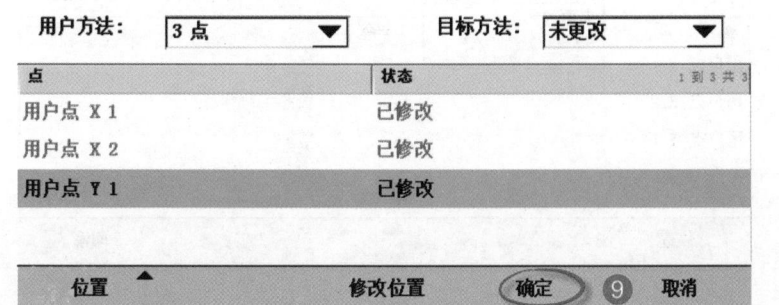

图 3-69　完成 3 点的示教

124

⑩选择"确定",完成工件坐标的设置,如图 3-70 所示。

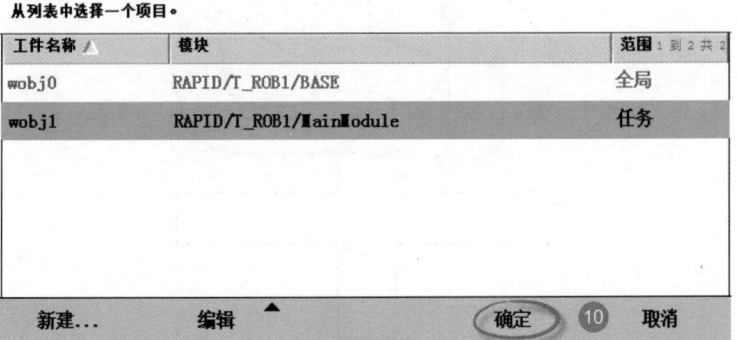

图 3-70　完成工件坐标创建

（三）程序编写

（1）编写 main 主程序

main 主程序如图 3-71 所示。

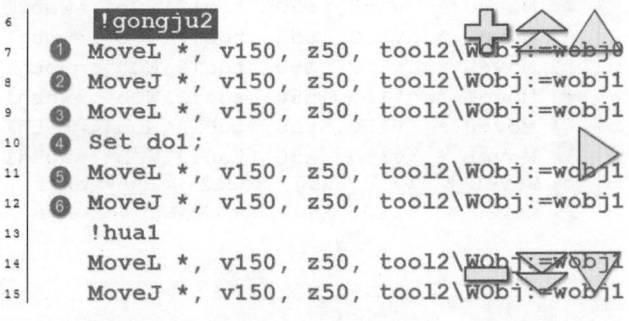

图 3-71　Main 主程序

①设点为机器人原点位置。

②将机械臂移至工具 2 位置上方。

③将机械臂移至工具 2 位置。

④夹取工具 2。

⑤抬起机械臂。

⑥移动机械臂至"hua1"轨迹起始点上方。

（2）编写"hua1"轨迹路径

注:"！hua1"为路径注释。

"hua1"轨迹路径示教点如图 3-72 所示,"hua1"轨迹程序如图 3-73 所示。

①将工具 2 放置在第一个坐标点 1,并用 MoveL 示教位置。

②依次示教 8 个坐标点,图中 1～8 点位对应程序中的相应步骤。

③步骤⑨为路径第 8 点回到第 1 点示教程序完成"hua1"示教路径。

④步骤⑩是指完成示教路径后将机械臂抬起至任意位置,以便完成下一段路径的示教编程。

⑤步骤⑪移动机械臂至"hua1"轨迹起始点上方。

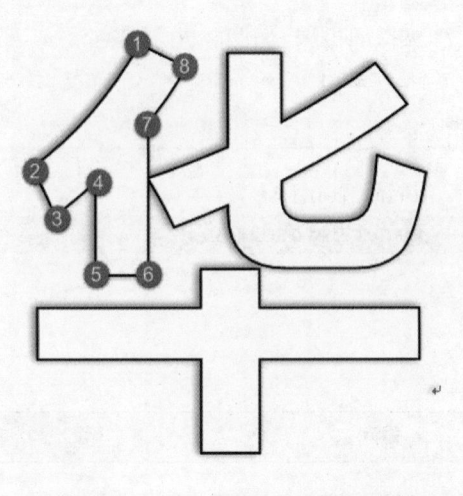

图 3-72   "hua1"轨迹路径示教点

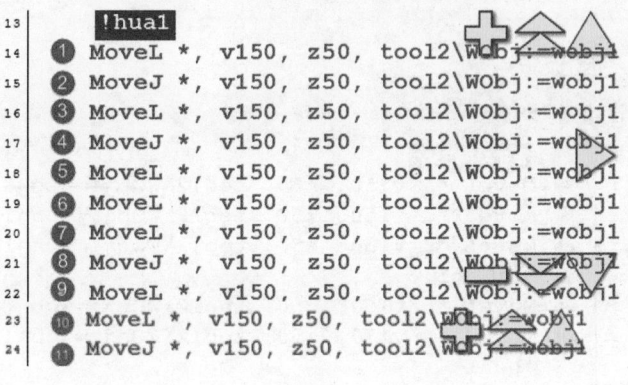

图 3-73   "hua1"轨迹程序

（3）编写"hua2"轨迹路径

注："！hua2"为路径注释。

"hua2"轨迹路径示教点如图 3-74 所示，"hua2"轨迹程序如图 3-75 所示。

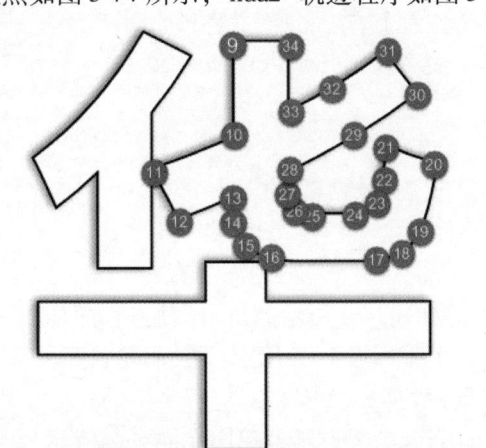

图 3-74   "hua2"轨迹路径示教点

①将工具 2 放置在第一个坐标点⑨，并用 MoveL 示教位置。

②依次示教 26 个坐标点,图中 9~34 点位对应程序中的步骤①~㉒。MoveC 为圆弧曲线需要示教两个坐标点以确定曲线位置。

③步骤㉑为路径第 34 点回到第 1 点,示教程序完成"hua2"路径示教。

④步骤㉒完成示教路径后将机械臂抬起至任意位置,以便完成下一段路径的示教编程。

⑤步骤㉓移动机械臂至"hua2"轨迹起始点上方。

```
25       !hua2
26    1  MoveL *,  v150,  z50,  tool2\WObj:=wobj1
27    2  MoveL *,  v150,  z50,  tool2\WObj:=wobj1
28    3  MoveJ *,  v150,  z50,  tool2\WObj:=wobj1
29    4  MoveJ *,  v150,  z50,  tool2\WObj:=wobj1
30    5  MoveJ *,  v150,  z50,  tool2\WObj:=wobj1
31    6  MoveL *,  v150,  z50,  tool2\WObj:=wobj1
32    7  MoveC *,  *,  v150,  z10,  tool2\WObj:=wo
33    8  MoveL *,  v150,  z50,  tool2\WObj:=wobj1
34    9  MoveC *,  *,  v150,  z10,  tool2\WObj:=wo
35   10  MoveL *,  v150,  z50,  tool2\WObj:=wobj1
36   11  MoveL *,  v150,  z50,  tool2\WObj:=wobj1
37   12  MoveL *,  v150,  z50,  tool2\WObj:=wobj1
38   13  MoveC *,  *,  v150,  z10,  tool2\WObj:=wo
39   14  MoveL *,  v150,  z50,  tool2\WObj:=wobj1
40   15  MoveC *,  *,  v150,  z10,  tool2\WObj:=wo
41   16  MoveL *,  v150,  z50,  tool2\WObj:=wobj1
42   17  MoveC *,  *,  v150,  z10,  tool2\WObj:=wo
43   18  MoveL *,  v150,  z50,  tool2\WObj:=wobj1
44   19  MoveC *,  *,  v150,  z10,  tool2\WObj:=wo
45   20  MoveL *,  v150,  z50,  tool2\WObj:=wobj1
46   21  MoveL *,  v150,  z50,  tool2\WObj:=wobj1
47   22  MoveL *,  v150,  z50,  tool2\WObj:=wobj1
48   23  MoveJ *,  v150,  z50,  tool2\WObj:=wobj1
```

图 3-75　"hua2"轨迹程序

(4)编写"hua3"轨迹路径

注:"! hua3"为路径注释。

"hua3"轨迹路径示教点如图 3-76 所示,"hua3"轨迹程序如图 3-77 所示。

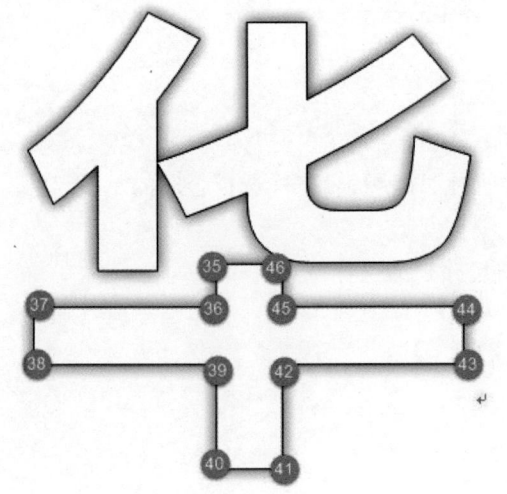

图 3-76　"hua3"轨迹路径示教点

①将工具 2 放置在第一个坐标点 35，并用 MoveL 示教位置。

②依次示教 8 个坐标点，图中 35 ~ 46 点位对应程序中的步骤① ~ ⑫。

③步骤⑬为路径第 46 点回到第 35 点示教程序完成"hua3"路径示教。

④步骤⑭完成示教路径后将机械臂抬起至任意位置，以便完成下一段路径的示教编程。

⑤步骤⑮移动机械臂至工具 2 初始放置位置上方。

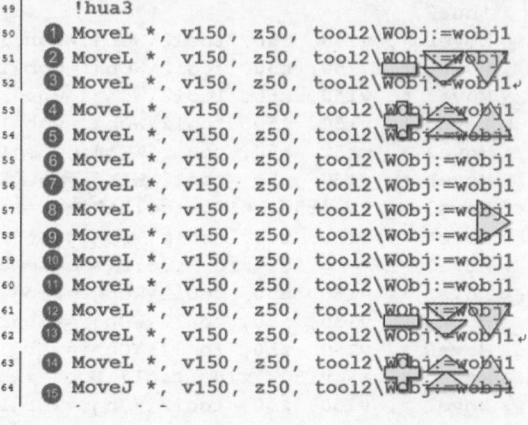

```
49      !hua3
50  ❶ MoveL *, v150, z50, tool2\WObj:=wobj1
51  ❷ MoveL *, v150, z50, tool2\WObj:=wobj1
52  ❸ MoveL *, v150, z50, tool2\WObj:=wobj1
53  ❹ MoveL *, v150, z50, tool2\WObj:=wobj1
54  ❺ MoveL *, v150, z50, tool2\WObj:=wobj1
55  ❻ MoveL *, v150, z50, tool2\WObj:=wobj1
56  ❼ MoveL *, v150, z50, tool2\WObj:=wobj1
57  ❽ MoveL *, v150, z50, tool2\WObj:=wobj1
58  ❾ MoveL *, v150, z50, tool2\WObj:=wobj1
59  ❿ MoveL *, v150, z50, tool2\WObj:=wobj1
60  ⓫ MoveL *, v150, z50, tool2\WObj:=wobj1
61  ⓬ MoveL *, v150, z50, tool2\WObj:=wobj1
62  ⓭ MoveL *, v150, z50, tool2\WObj:=wobj1
63  ⓮ MoveL *, v150, z50, tool2\WObj:=wobj1
64  ⓯ MoveJ *, v150, z50, tool2\WObj:=wobj1
```

图 3-77 "hua3"轨迹程序

（5）编写工具 2 轨迹路径

①将机械臂移至工具 2 初始位置。

②打开夹具，放置工具 2。

③抬起机械臂。

④机器人回到原点位置完成轨迹规划程序。

工具 2 轨迹程序如图 3-78 所示。

```
65      !gongju2
66  ❶ MoveL *, v150, z50, tool2\WObj:=wobj1
67  ❷ Reset do1;
68  ❸ MoveL *, v150, z50, tool2\WObj:=wobj1
69  ❹ MoveJ *, v150, z50, tool2\WObj:=wobj1
70    ENDPROC
71
72  ENDMODULE
```

图 3-78 工具 2 轨迹程序

五、思考与练习

1. 设计轨迹路径要注意什么问题，应怎样选择合适的示教点？

2. 怎么使用跳转指令编程？

3. 独立完成"中"字轨迹路径的操作练习。

任务三 码垛现场编程

一、任务描述

码垛机械手是研制开发的新机型，质量稳定，性价比高。码垛机械手的程序里所需要定位的只有两点,一个是抓起点,一个是摆放点,这两点之间以外的轨道全由计算机来控制,计算机自己会寻找这两点的最合理的轨道来移动,所以示教方法极为简单。机械手在原理上属于直线运动。适应于化工、饮料、食品、啤酒、塑料等自动生产企业;对各种纸箱、袋装、罐装、啤酒箱等各种形状的包装都适应。

分任务1:利用现有知识(I/O输出、轨迹规划等)完成码垛练习,学生自主练习。

分任务2:在分任务1的基础上缩减示教点,以最少的示教点完成该码垛练习。

按如图3-79、图3-80所示进行码垛练习。

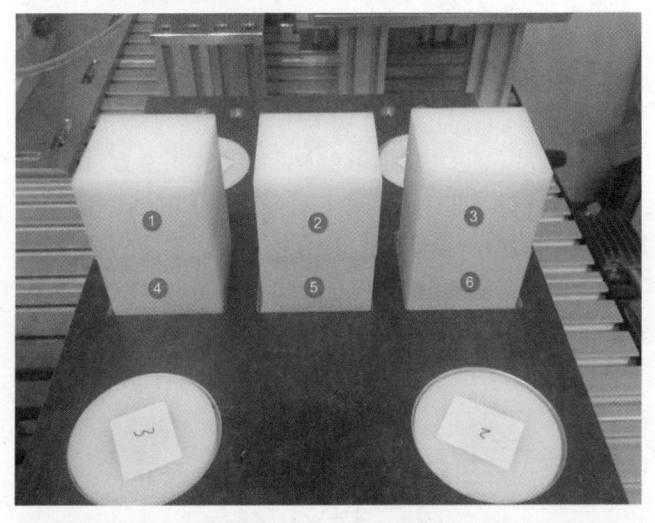

图3-79　码垛效果图1

图3-80　码垛效果图2

二、任务目标

知识目标:1.I/O信号设置;

2.ABB常用指令引用;

3.轨迹规划;

4.码垛编程。

技能目标:1. 掌握码垛的整个操作过程;
2. 能够独立进行码垛程序编写。

三、知识储备

(1)机器人如何抓取工具

在机器人的6轴末端添加一个气动抓手,利用气动阀门(电磁阀)来控制抓手的开合。当需要抓取工具时,则将气动抓手闭合;当机器人运行到位置需要松开工具时,则将气动抓手打开即可。

(2)分任务1:点位示教法

这个项目中需要精确示教的点有24个,其中抓取位12个:1#方块(正上方、抓取位)、2#方块(正上方、抓取位)、3#方块(正上方、抓取位)、4#方块(正上方、抓取位)、5#方块(正上方、抓取位)、6#方块(正上方、抓取位)。

码垛位12个:1#方块(正上方、放下位)、2#方块(正上方、放下位)、3#方块(正上方、放下位)、4#方块(正上方、放下位)、5#方块(正上方、放下位)、6#方块(正上方、放下位)。

(3)结构化程序设计

本程序可由主程序、抓取方块1和放下方块1子程序(同理每个方块抓取放下建1个子程序)的方法来实现。

分任务1操作流程如图3-81所示。

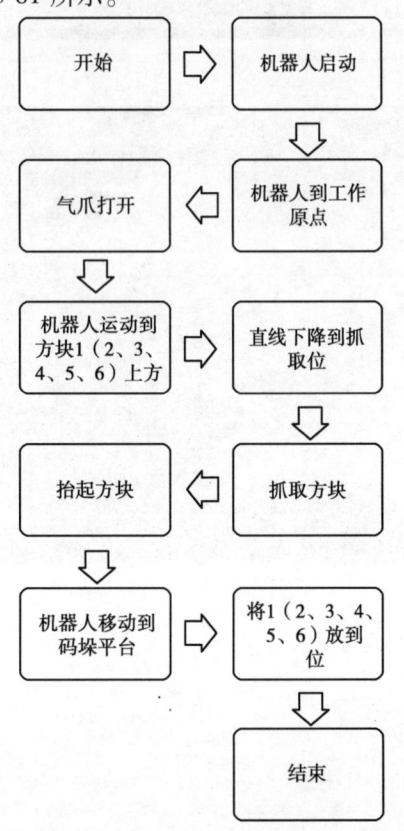

图3-81 分任务1操作流程图

（4）分任务 2：点位示教偏移法

此任务中只需要精确示教方块 1 的抓取点和方块 1 的码垛点即可。其余点可以通过方块长宽高、间距等计算出来，然后通过相对位置移动配合赋值指令即可完成一系列动作，操作流程如图 3-82 所示。

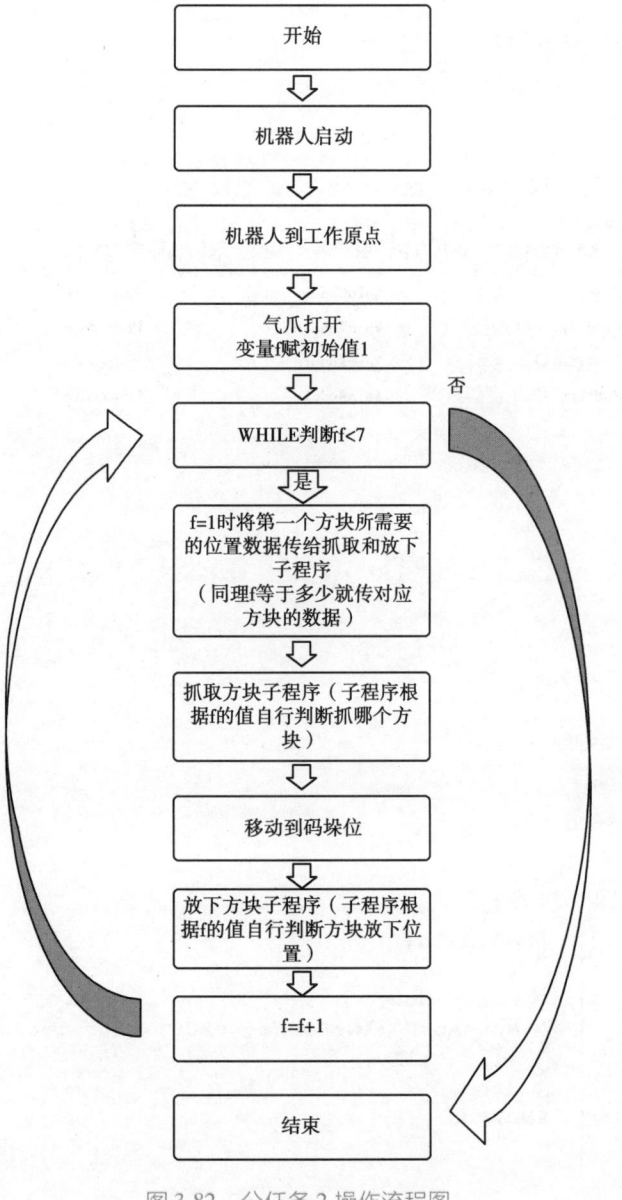

图 3-82 分任务 2 操作流程图

（5）结构化程序设计

本程序可分为主程序、流程子程序、赋值子程序、抓取子程序和码垛子程序。

（6）注意事项

a. 清楚了解抓取位和码垛位以方块 1 为零点，其余 5 点的相对位置坐标。

b. 在抓取工件和放下工件后，一定要设置延时在 1 s 上。

c. 程序编写完成后，一定要以单步运行的方式完整地运行一遍程序，以保证安全。

d. 在使用 f 定义变量时,每次从主程序启动,都需要对 f 进行初始化(赋值 f = 1 即可)。

四、任务实施

(一)建立 I/O(抓手)(参考应用实例任务一)

(二)建立工件坐标(参考应用实例任务二)

(三)程序编写

(1)建立 main 程序和子程序

建立 main 程序和子程序如图 3-83 所示。

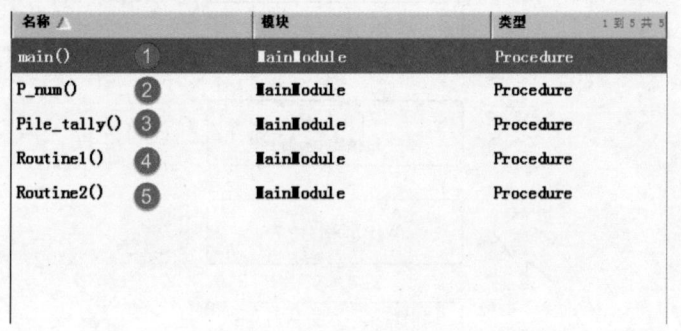

图 3-83　创建多个程序文件

程序注释:

①主程序。

②位置坐标判断与传送子程序。

③码垛流程子程序。

④抓取工件子程序。

⑤放下工件子程序。

(2)主程序调用

主程序调用如图 3-84 所示。

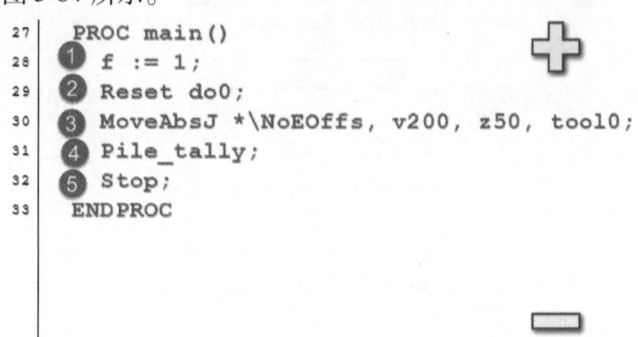

图 3-84　主程序 main

程序注释:

①定义一个 Num 的变量 f,并且赋值为 1。

②复位 do0 抓手。

③机器人回初始位。

④调用顺控流程子程序。

⑤停止,并且结束。

(3)P_num 相对坐标值

P_num 相对坐标值如图 3-85 所示。

```
!pA1
1  IF f = 1 pC1 := pA1;
2  IF f = 2 pC1 := Offs(pA1,0,62,0);
3  IF f = 3 pC1 := Offs(pA1,0,124,0);
4  IF f = 4 pC1 := Offs(pA1,0,0,-37);
5  IF f = 5 pC1 := Offs(pA1,0,62,-37);
6  IF f = 6 pC1 := Offs(pA1,0,124,-37);
!pB1
7  IF f = 1 pC2 := pE1;
8  IF f = 2 pC2 := Offs(pE1,62,0,0);
9  IF f = 3 pC2 := Offs(pE1,124,0,0);
10 IF f = 4 pC2 := Offs(pE1,31,0,37);
11 IF f = 5 pC2 := Offs(pE1,93,0,37);
12 IF f = 6 pC2 := Offs(pE1,62,0,74);
```

图 3-85　子程序 P_num

程序注释:

①pA1 是抓取位第一个方块的坐标(此坐标根据实际情况示教),当 f = 1 时 pC1 的坐标会等于 pA1。(以下同理)

②以 pA1 的坐标点为 0 点进行偏移(0,62,0 分别代表 X,Y,Z 的偏移量),相对坐标系如图 3-86 所示。

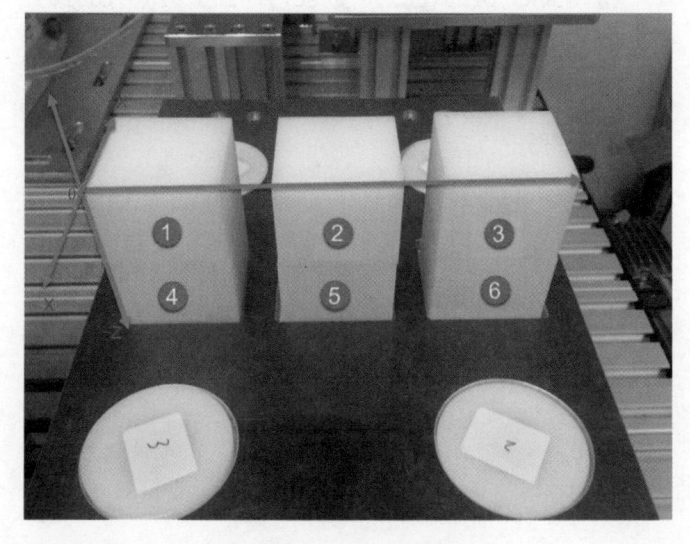

图 3-86　抓取方块位置图

已知:方块长 × 宽 × 高 = 46 mm × 46 mm × 37 mm,

方块间隔 = 16 mm,

当示教好①的抓取点位后,可以算出点②的位置相对于①X 轴未偏移,Y 正方向偏移 62 mm,Z 未偏移。

以同样的方法算出其余点的偏移量。

注意:途中机器人在左上方,而此3坐标方向不会随机械手摆动而变化(即相当于大地坐标)。

码垛位同样只需要示教①方块的放下位置即可。

由图3-87对比可以发现,XYZ这3个坐标系不会发生变化。

图3-87 码垛方块位置图

pE1就是①位置的示教点,以此坐标点为0点进行相对位置偏移,计算出其他点位。

(4)Routine1 抓取工件

Routine1 抓取工件程序如图3-88所示。

```
61    PROC Routine1()
62  ① MoveJ Offs(pC1,0,0,80), v200, z0, tool0;
63  ② MoveL pC1, v200, fine, tool0;
64  ③ Set do0;
65  ④ WaitTime 1;
66  ⑤ MoveL Offs(pC1,0,0,80), v200, z0, tool0;
67    END PROC
```

图3-88 子程序 Routine1

pC1是位置坐标变量。

①机械手移动到pC1点的正上方80 mm处。

②机械手直线下降到pC1。

③置位do0,抓手抓取工件。

④等待1 s。

⑤机械手抓取工件后,直线抬起80 mm。

(5)Routine2 放下工件(码垛)

Routine2 放下工件(码垛)程序如图3-89所示。

pC2是位置坐标变量。

①机械手移动到pC2点的正上方80 mm处。

```
68    PROC Routine2()
69  ①  MoveJ Offs(pC2,0,0,80), v200, z0, tool0;
70  ②  MoveL pC2, v200, fine, tool0;
71  ③  Reset do0;
72  ④  WaitTime 1;
73  ⑤  MoveL Offs(pC2,0,0,80), v200, z0, tool0;
74    ENDPROC
```

图 3-89　子程序 Routine2

②机械手直线下降到 pC2。

③复位 do0,抓手松开工件。

④等待 1 s。

⑤机械手放下工件后,直线抬起 80 mm。

（6）Pile_tally 逻辑控制流程程序

Pile_tally 逻辑控制流程程序如图 3-90 所示。

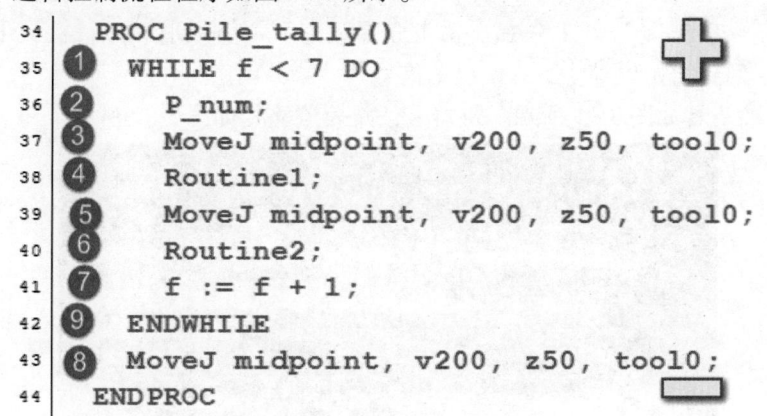

```
34    PROC Pile_tally()
35  ①  WHILE f < 7 DO
36  ②     P_num;
37  ③     MoveJ midpoint, v200, z50, tool0;
38  ④     Routine1;
39  ⑤     MoveJ midpoint, v200, z50, tool0;
40  ⑥     Routine2;
41  ⑦     f := f + 1;
42  ⑨  ENDWHILE
43  ⑧  MoveJ midpoint, v200, z50, tool0;
44    ENDPROC
```

图 3-90　子程序 Pile_tally

①WHILE 循环,当 f 值小于 7 时,执行循环里的内容,否则跳出循环。

②调用相对坐标值读取子程序,根据 f 值的变化得到所需要的位置坐标值。

③机械手移动到抓取位和码垛位的中间,即过渡点。

④调用抓取工件子程序(移动到要抓取工件的上方)。

⑤移动到中间过渡点。

⑥调用放下工件子程序(机械手移动到当前要码垛位置的上方)。

⑦一个流程运行完后,对 f 进行加 1 操作。

⑧机械手回中间位。

举例:当 f＝2 时(机械手在抓取第二个工件时),通过此程序,将第 2 个工件所需要的抓取位坐标和码垛位坐标分别传给 pC1 和 pC2,机械手移动到第 2 个方块上方进行抓取工作,然后移动到码垛位第一个方块放料位的上方进行放料,最后为 f＋1,这时 f＝3,并且 f＜7,所以继续循环,抓取第 3 个工件,以此类推。

五、思考与练习

1. 如何修改码垛程序里的路径目标点？
2. 如何在码垛程序里插入程序相关的抓放信号？
3. 通过多个示教点，完成分任务 1 的码垛编程，并进行实际操作。

任务四　轨迹规划现场编程

一、任务描述

在一些特定场合，用户可以通过增加中间过渡点的方法来实现躲避障碍，这属于简单的路径规划，那么当用户需要机械手沿着图形或物品边框轮廓等不规则的线条移动时，就需要更精细的路径规划了。

本任务通过指定路径进行轨迹规划。给机器人内部启动信号关联一个外部 di0。当检测到 di0 为 1 时，机器人设备开始运行，首次启动进行初始化，然后等待轨迹选择信号（di1 = 1 时，机械手沿菱形动作；di2 = 1 时机械手沿五角星动作）。接收到信号后，机械手开始自动运行，运行完成后回到初始位等待下一次启动信号。

机械手抓取工具如图 3-91 所示。机器人任意轨迹路径如图 3-92 所示。

图 3-91　机械手抓取工具

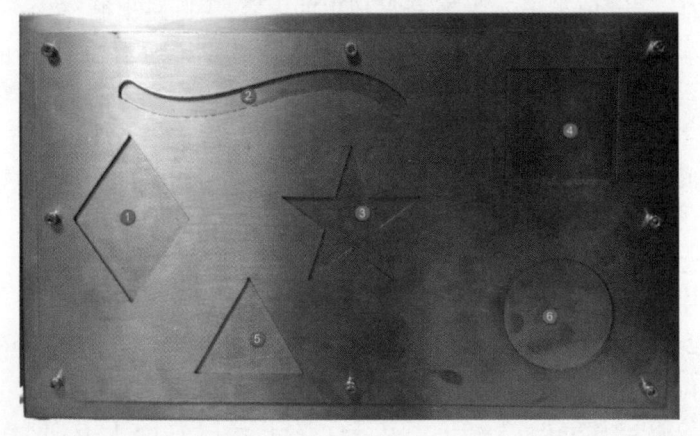

图 3-92　任意轨迹路径

二、任务目标

知识目标：1.理解轨迹规划的概念及应用；

2.示教点的创建；

3.轨迹规划应用操作流程；

4.轨迹规划程序编写。

技能目标：1.掌握轨迹规划程序编写；

2.掌握轨迹规划应用操作。

三、知识储备

本轨迹规划应用的操作流程如图 3-93 所示，从机器人启动到定点完毕回到工作原点。

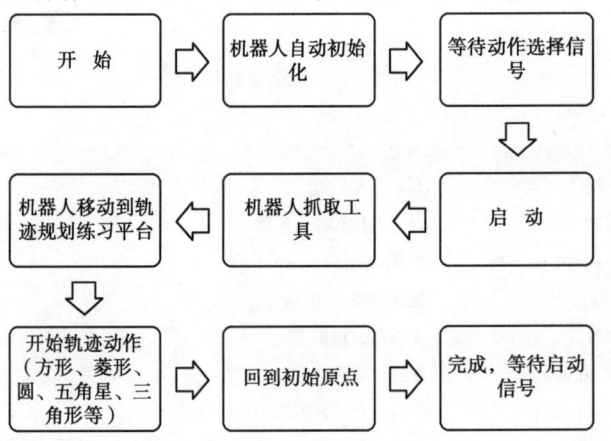

图 3-93 轨迹规划流程图

（1）主程序 main 架构

主程序一般由初始化子程序、WHILE 循环、自动运行条件 IF、自动运行子程序组成。

（2）I/O 输入关联内部输入信号

在实际工程中，示教器是不会给现场生产人员使用的，那么当他们给设备通电后，没有示教器上的启动按钮，如何来启动程序呢，这就需要用内部信号关联外部信号，使一个外部 I/O 输入控制机器人的启动与停止。

（3）I/O 输入信号读取

此项目中的读码器所读取的信息内容是通过 I/O 数字量信号进行传输的，用户可通过 I/O 输入值的变化来进行判断。

四、任务实施

（一）建立 I/O 抓手

（1）配置 D652 I/O 板

①单击"ABB"图标，如图 3-94 所示。

②选择"控制面板"，如图 3-94 所示。

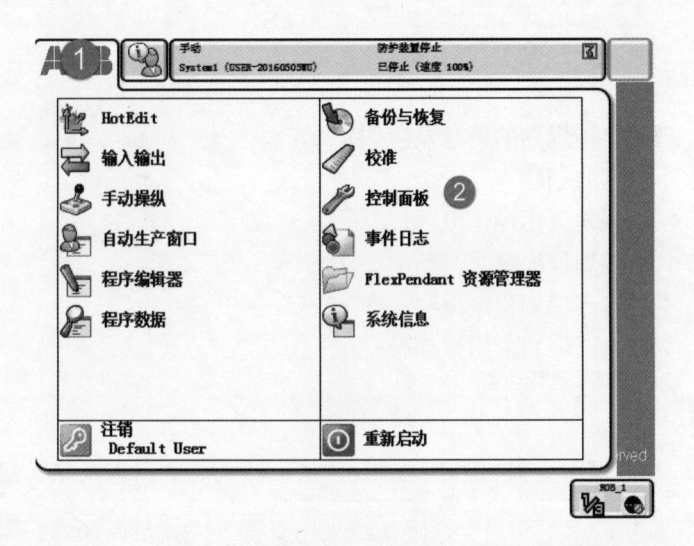

图 3-94　示数器菜单

③选择"配置系统参数",如图 3-95 所示。

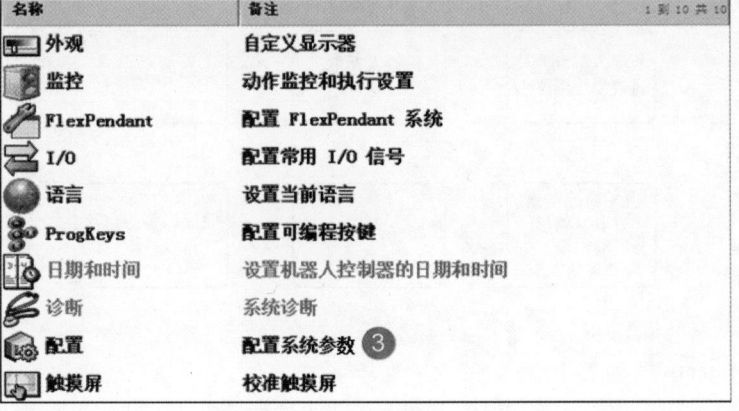

图 3-95　控制面板菜单

④双击选择("Unit"),如图 3-96 所示。

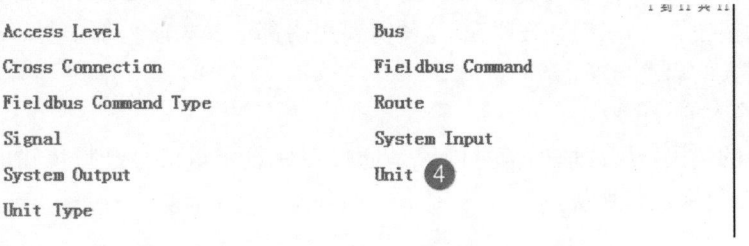

图 3-96　配置 DSQC652 I/O 板

⑤添加 I/O 板,如图 3-97 所示。

⑥双击命名该 I/O 板(10 代表此模块在 DeviceNet 总线中的地址,方便识别),如图 3-98 所示。

⑦选取 DeviceNet1 总线协议,如图 3-98 所示。

⑧该 I/O 板的实际型号为 d652,如图 3-98 所示。

图 3-97 添加 I/O 板

⑨拖动到底部,如图 3-98 所示。

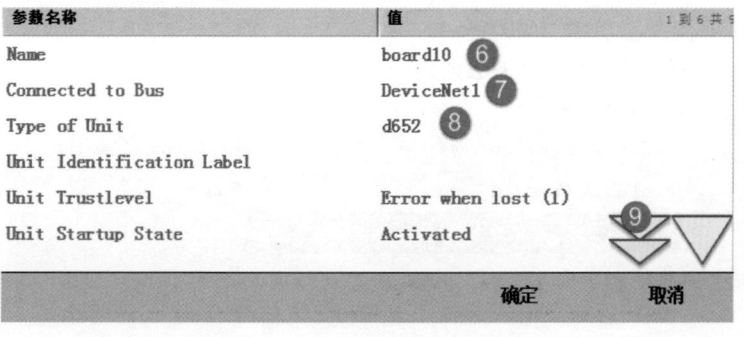

图 3-98 编辑 I/O 板参数

⑩设置该 I/O 板所在的实际地址(10-63),如图 3-99 所示。

⑪单击"确定",如图 3-99 所示。

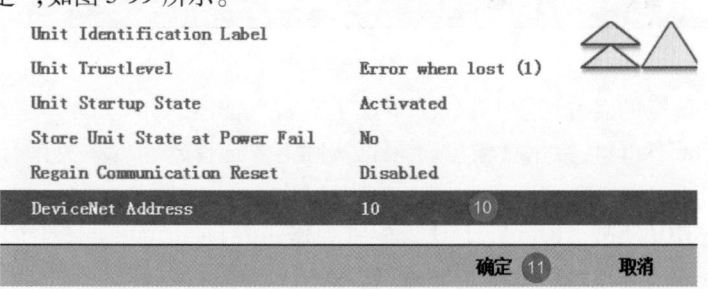

图 3-99 编辑 I/O 板参数

⑫不需要重新启动控制器,如果选择"是"控制器会重新启动,重新启动完成后再进入第③步的界面即可,如图 3-100 所示。

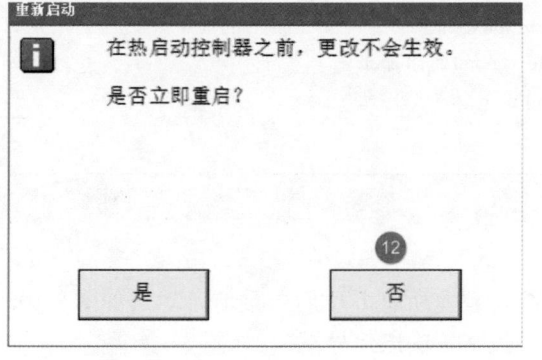

图 3-100 判断是否重新启动

⑬后退到配置系统参数界面,如图 3-101 所示。

PANEL
DRV_1
DRV_2
DRV_3
DRV_4
board10
编辑
添加
删除
13
后退

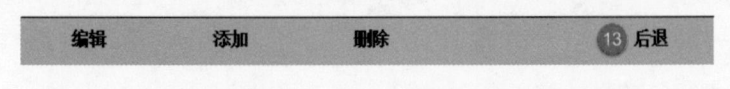

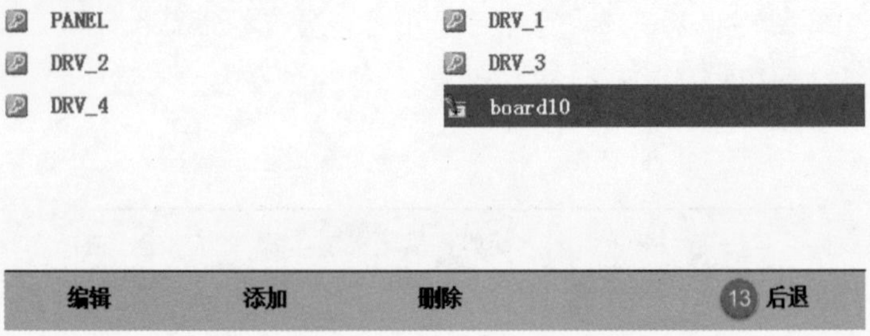

图 3-101 DSQC652 板配置完成

(2)添加抓手控制输出信号 do0

①双击进入 I/O 配置,如图 3-102 所示。

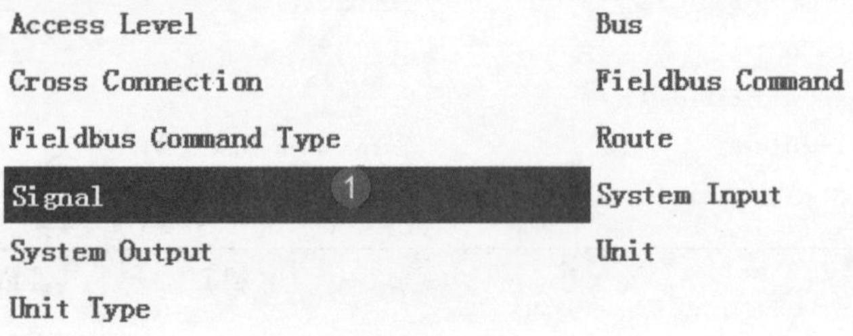

Access Level
Bus
Cross Connection
Fieldbus Command
Fieldbus Command Type
Route
Signal
1
System Input
System Output
Unit
Unit Type

图 3-102 配置 I/O 信号

②添加 I/O(数字量输出),如图 3-103 所示。

编辑
添加
2
删除
后退

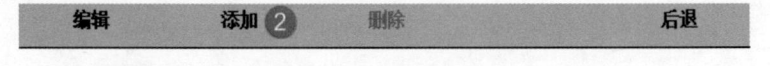

图 3-103 添加信号

③双击输入该点的名称(这里先建一个数字输入),如图 3-104 所示。

④选择 Digital Output(数字量输出)(根据实际需要选择,该 D652 板只有数字量输入和输出),如图 3-104 所示。

⑤选择 board10(实战 ABB 652 I/O 板配置中建立的 board10),如图 3-104 所示。

⑥该输入点的实际地址(D652 是 16 点输入,所以地址可以是 0-15),如图 3-104 所示。

⑦单击“确定”,如图 3-104 所示。

参数名称
值
1 到 6 共 11
Name
do0
3
Type of Signal
Digital Output
4
Assigned to Unit
board10
5
Signal Identification Label
Unit Mapping
0
6
Category
确定
7
取消

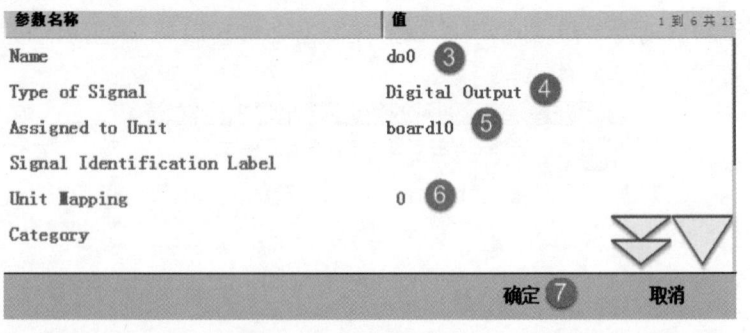

图 3-104 设置信号参数

⑧选择“否”(待用户设置完所有 I/O 后再重新启动),如图 3-105 所示。

⑨do0 就是已建好的数字量输出信号端口,如图 3-106 所示。

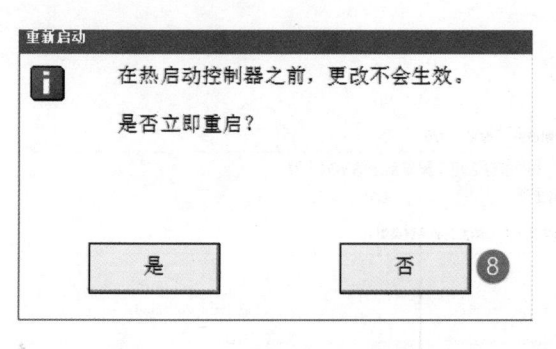

重新启动
在热启动控制器之前，更改不会生效。
是否立即重启？
是
否
8

图 3-105 是否启动热启动控制器

DRV1FAN2
DRV1BRAKEFB
DRV1SPEED
DRV1TEST1
DRV1TEST2
DRV1BRAKEOK
DRV1CHAIN1
DRV1CHAIN2
DRV1BRAKE
DRV1TESTE2
di0
do0
9
编辑
添加
删除
后退

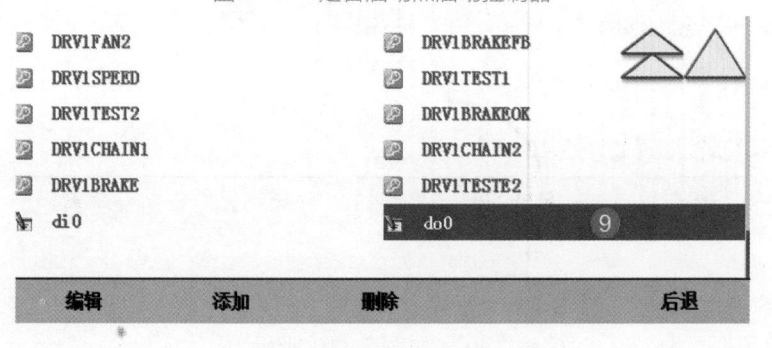

图 3-106 信号 di0 创建完成

(二)建立 I/O 输入输出

信号对照表见表 3-1。

表 3-1 信号对照表

程序启动信号	di0
菱形	di1
五角星	di2
圆形	di3
不规则弧形	di4
气动抓手夹紧	Do0

创建的 I/O 信号如图 3-107 所示。

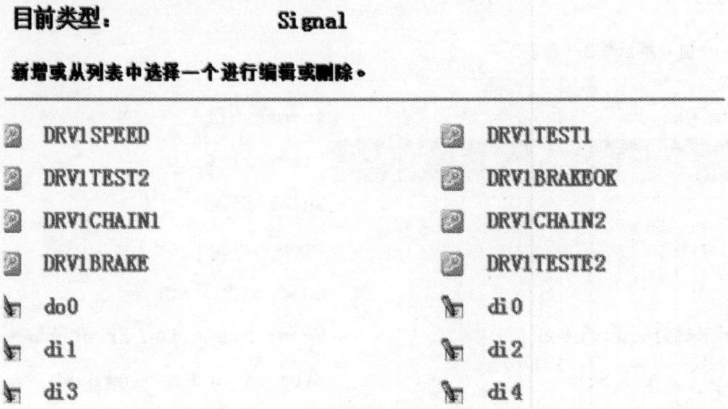

目前类型： Signal
新增或从列表中选择一个进行编辑或删除。
DRV1SPEED
DRV1TEST1
DRV1TEST2
DRV1BRAKEOK
DRV1CHAIN1
DRV1CHAIN2
DRV1BRAKE
DRV1TESTE2
do0
di0
di1
di2
di3
di4

图 3-107 创建好的 I/O 信号

(三)关联 di0 信号

①进入“系统输入”,如图 3-108 所示。

控制面板 - 配置 - I/O
每个主题都包含用于配置系统的不同类型。
当前主题: I/O
选择您需要查看的主题和实例类型。
1 到 11 共 11
Access Level
Bus
Cross Connection
Fieldbus Command
Fieldbus Command Type
Route
Signal
System Input
System Output
Unit
Unit Type
1

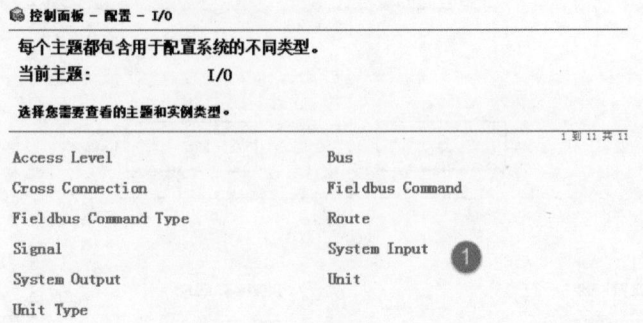

图 3-108 I/O 信号关联设置

②添加“系统输入”,如图 3-109 所示。

编辑
添加
2
删除
后退

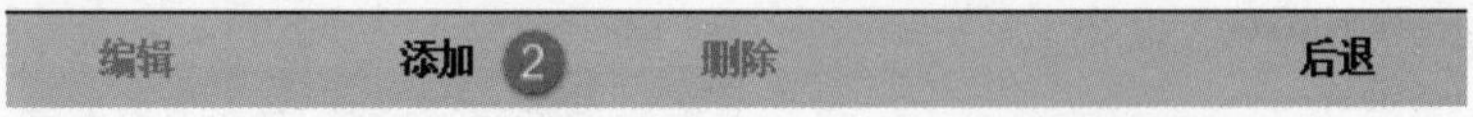

图 3-109 添加“系统输入”

③单击“Signal Name”,如图 3-110 所示。

④选择要关联的外部 I/O 信号“di0”,如图 3-110 所示。

⑤单击“Action”,如图 3-109 所示。

双击一个参数以修改。
参数名称
值
1 到 2 共 2
Signal Name
3
Action
5
ABC...
di0
4
di1
di2
di3
di4
确定
取消

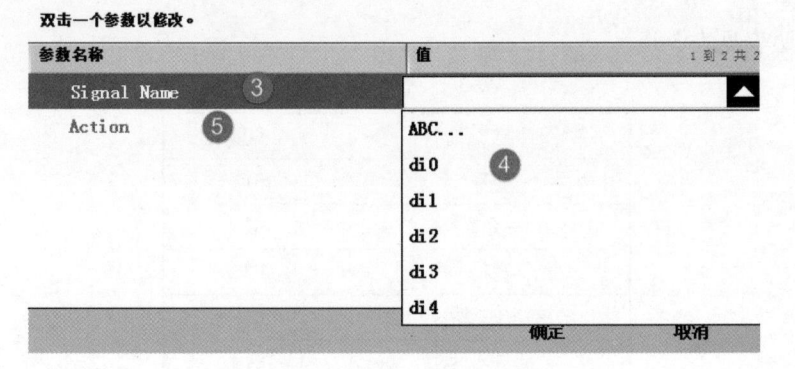

图 3-110 选择关联的信号

⑥选择“Start”,关联启动,如图 3-111 所示。

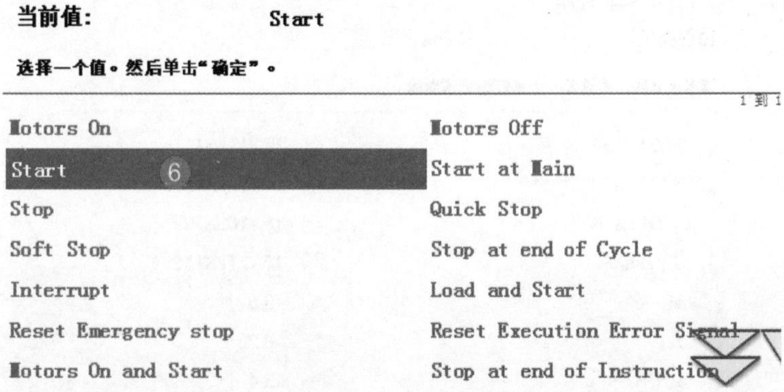

当前值: Start
选择一个值。然后单击“确定”。
1 到 1
Motors On
Motors Off
Start
6
Start at Main
Stop
Quick Stop
Soft Stop
Stop at end of Cycle
Interrupt
Load and Start
Reset Emergency stop
Reset Execution Error Signal
Motors On and Start
Stop at end of Instruction

图 3-111 关联启动

⑦选择"Cycle",如图 3-112 所示。

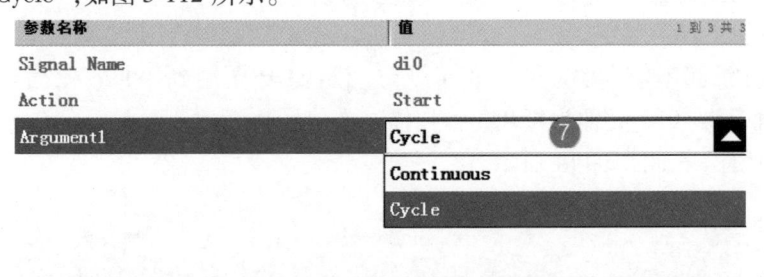

参数名称	值	1 到 3 共 3
Signal Name	di0	
Action	Start	
Argument1	Cycle ⑦	▲
	Continuous	
	Cycle	

确定　　　取消

图 3-112　选择"Cycle"

(四)程序编写

(1)建立 main 程序和子程序

建立 main 程序和子程序如图 3-113 所示。

例行程序	活动过滤器:	
名称 ▲	模块	类型 1 到 8 共 8
di1_Routine() ①	MainModule	Procedure
di2_Routine() ②	MainModule	Procedure
di3_Routine() ③	MainModule	Procedure
di4_Routine() ④	MainModule	Procedure
down_tool() ⑤	MainModule	Procedure
hand_tool() ⑥	MainModule	Procedure
main() ⑦	MainModule	Procedure
reset() ⑧	MainModule	Procedure

图 3-113　建立 main 程序和子程序

①菱形轨迹。

②五角星轨迹。

③圆形轨迹。

④不规则弧线轨迹。

⑤放回工具。

⑥抓取工具。

⑦主程序。

⑧初始化程序。

(2)主程序调用框架

①程序第一次启动调用一次初始化子程序。

②WHILE 无限重复里面的程序。

③判断是否有工作信号 di1、di2、di3、di4。

④当 di1~di4 为 1000 时,调用菱形轨迹程序。

⑤当 di1~di4 为 0100 时,调用五角星轨迹程序。

⑥当 di1~di4 为 0010 时,调用圆形轨迹程序。

⑦当 di1～di4 为 0001 时,调用不规则弧线轨迹程序。

⑧调用放回工具子程序。

⑨当 IF 判断都不满足,为了防止 CPU 过载,需要在用到 While 死循环的地方增加 WaitTime 延时,至少 0.3 s(即为每 0.3 秒扫描一次信号)。

主程序调用程序如图 3-114 所示。

```
38    PROC main()
39❑   ①  go_home;
40    ②  WHILE TRUE DO
41    ③  IF di1 = 1  or  di2 = 1  or  di3 = 1  or  di4 = 1 THEN
42    ④  IF di1 = 1  and  di2 = 0  and  di3 = 0  and  di4 = 0 di1_Routine;
43    ⑤  IF di1 = 0  and  di2 = 1  and  di3 = 0  and  di4 = 0 di2_Routine;
44    ⑥  IF di1 = 0  and  di2 = 0  and  di3 = 1  and  di4 = 0 di3_Routine;
45    ⑦  IF di1 = 0  and  di2 = 0  and  di3 = 0  and  di4 = 1 di4_Routine;
46    ⑧  down_tool;
47       ENDIF
48    ⑨  WaitTime 0.3;
49       ENDWHILE
50    ENDPROC
```

图 3-114　主程序调用程序

(3)down_tool 和 hand_tool 工具抓取和放下

①抓取。

a. 机器人移动到工具正上方。

b. 机器人下降。

c. 机器人抓取,气动抓手夹紧。

d. 延时 1 s。

e. 机器人将工具提起。

②放下。与抓取路径完全相同即可,只是在 h. 步时复位气动抓手即可。

工具抓取和放下程序如图 3-115 所示。

```
51    PROC hand_tool()
52  a. MoveJ tool_above, v400, z30, tool0;
53  b. MoveL tool_below, v200, fine, tool0;
54  c. Set do0;
55  d. WaitTime 1;
56  e. MoveJ tool_below, v200, z30, tool0;
57    ENDPROC
58    PROC down_tool()
59  f. MoveJ tool_above, v400, z30, tool0;
60  g. MoveL tool_below, v200, fine, tool0;
61  h. Reset do0;
62  i. WaitTime 1;
63  j. MoveJ tool_below, v200, z30, tool0;
64    ENDPROC
```

图 3-115　工具抓取和放下程序

(4)go_home 初始化子程序

安全路径回原点如下所述

a. 复位气动抓手。

b. 将机器人当前位置坐标传送给 abs_home_now。

c. 将机器人原点坐标的 Z 轴值传给 abs_home_now 的 Z 轴。

d. 用 MoveL 回原点到达与原点位相同的高度。

e. 到达安全高度后，可以用 MoveJ 回原点。

初始化子程序如图 3-116 所示。

```
176  PROC go_home()
177  a. Reset do0;
178  b. abs_home_now := CRobT(\Tool:=tool0\WObj:=wobj0);
179  c. abs_home_now.trans.z := abs_home.trans.z;
180  d. MoveL abs_home_now, v400, z50, tool0;
181  e. MoveJ abs_home, v1000, z50, tool0;
182  ENDPROC
```

图 3-116　初始化子程序

（5）di1_routine（）、di2_routine（）、di3_routine（）、di4_routine（）轨迹程序

①菱形。

a. 调用抓取工具子程序。

b. 通过中间过渡点，调整姿态。

c. 通过中间过渡点调整姿态（此点位为轨迹规划平台的垂直方向大于 60 mm 位置）。

d. 直线方式到达 A1 点。

e. 直线方式到达 A2 点。

f. 直线方式到达 A3 点。

g. 直线方式到达 A4 点。

h. 直线方式到达 A1 点（完成）。

i. 直线方式到达 transit_2 点（此点位为轨迹规划平台的垂直方向大于 60 mm 位置）。

j. 到达中间过渡点。

菱形程序如图 3-117 所示。

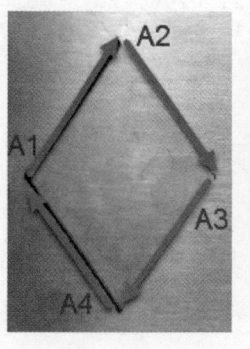

```
PROC di1_Routine()
a. hand_tool;
b. MoveJ transit_1, v400, z50, tool0;
c. MoveJ transit_2, v400, z50, tool0;
d. MoveL A1, v200, z0, tool0;
e. MoveL A2, v200, z0, tool0;
f. MoveL A3, v200, z0, tool0;
g. MoveL A4, v200, z0, tool0;
h. MoveL A1, v200, z0, tool0;
i. MoveL transit_2, v200, z0, tool0;
j. MoveJ transit_1, v200, z0, tool0;
ENDPROC
```

图 3-117　菱形程序

②五角星。工作步骤与菱形基本一致。

五角星程序如图 3-118 所示。

```
PROC di2_Routine()
  hand_tool;
  MoveJ transit_1, v400, z50, tool0;
  MoveJ transit_2, v400, z50, tool0;
  MoveL B1, v200, z0, tool0;
  MoveL B2, v200, z0, tool0;
  MoveL B3, v200, z0, tool0;
  MoveL B4, v200, z0, tool0;
  MoveL B5, v200, z0, tool0;
  MoveL B6, v200, z0, tool0;
  MoveL B7, v200, z0, tool0;
  MoveL B8, v200, z0, tool0;
  MoveL B9, v200, z0, tool0;
  MoveL B10, v200, z0, tool0;
  MoveL B1, v200, z0, tool0;
  MoveL transit_2, v200, z0, tool0;
  MoveJ transit_1, v200, z0, tool0;
ENDPROC
```

图 3-118　五角星程序

③圆形。

a. 抓取工具。

b. 移动到中间过渡点。

c. 移动到中间过渡点(此点位为轨迹规划平台的垂直方向大于 60 mm 位置)。

d. 直线到达 C1 位。

e. 为 MoveC 定义后两个点 C2、C3 的位置(3 点成圆法)(此步骤完成后机器人会到达 C3 位)。

f. 与上一步类似,以 C3 位为起点,定义后两个点位 C4、C1。

g. 抬起工具。

h. 移动到中间过渡点。

圆形程序如图 3-119 所示。

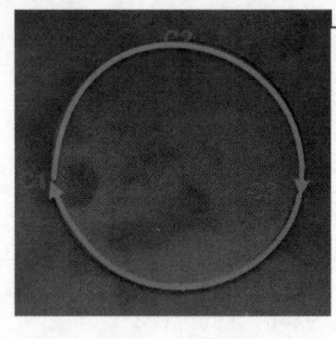

```
PROC di3_Routine()
a.  hand_tool;
b.  MoveJ transit_1, v400, z50, tool0;
c.  MoveJ transit_2, v400, z50, tool0;
d.  MoveL C1, v400, z50, tool0;
e.  MoveC C2, C3, v400, z10, tool0;
f.  MoveC C4, C1, v400, z10, tool0;
g.  MoveL transit_2, v200, z0, tool0;
h.  MoveJ transit_1, v200, z0, tool0;
ENDPROC
```

图 3-119　圆形程序

● 抓取工具时,一定要慢速操作,并且调整到合适的姿态。

● 机器人移动到轨迹面板前方时,应注意中途路线是否安全,可以多设定几个中间过渡点。

● 菱形、方形、五角星、三角形这 4 个的路径规划比较简单,用 MoveL 即可,但在示教各个点位时,应注意姿态的调整,否则容易到达机械极限位触发软件报警。圆形需要用两个 MoveC 组成完整的圆;如果是不规则的弧形,需要将其分割成多个 MoveC 来完成,一般来说,MoveC 分割越多,机器人运行路线就越准确。

五、思考与练习

1. 机器人移动到轨迹面板前方时,需要注意哪些问题?

2. 不规则的弧形应怎样选择合适的目标示教点以使轨迹精确？

3. 编写如图 3-120 所示不规则轨迹的程序，并进行实际操作练习。

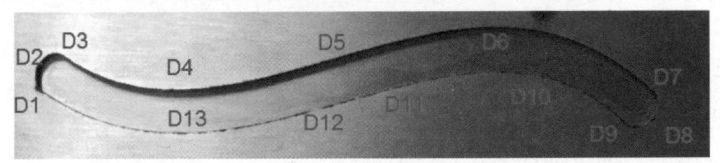

图 3-120　不规则轨迹

任务五　产品信息读取与分拣

一、任务描述

首先通过机械手抓取吸盘工具，然后通过吸盘吸取抓取位中的任意工件，放置在读码器上读取该产品的信息，收到信息后对工件进行排序。并对机器人 I/O 输入、逻辑判断、读码器进行应用练习。具体如图 3-121、图 3-122 所示。

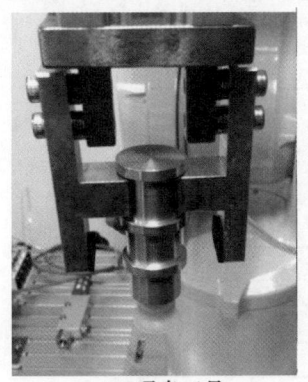

（a）吸盘工具　　　　　　　（b）圆盘抓取位置

图 3-121

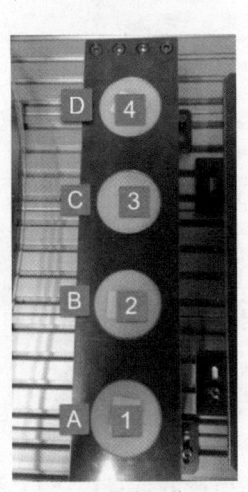

（a）读码器　　　　　　　（b）圆盘放置位置

图 3-122

二、任务目标

知识目标：1. 掌握机器人的 I/O 输入；
　　　　　2. 理解逻辑判断指令；
　　　　　3. 读码器的应用。

技能目标：1. 掌握产品信息读取与分拣程序编写的整个操作过程；
　　　　　2. 能够独立地操作产品信息读取与分拣程序编写。

三、知识储备

产品信息读取与分拣应用操作流程如图 3-123 所示。

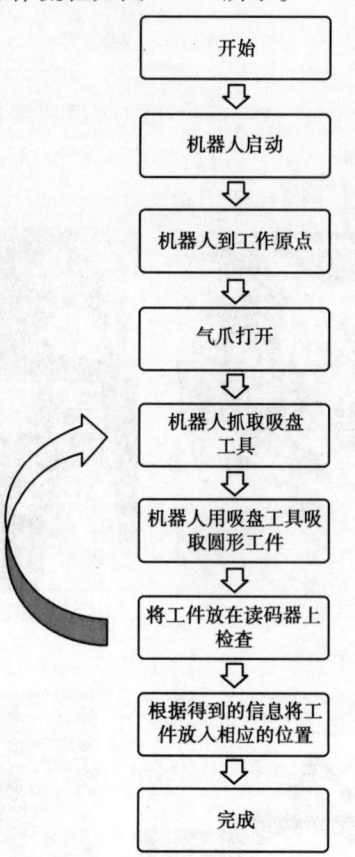

图 3-123　任务五操作流程图

（1）机器人如何通过吸盘工具吸取工件

通过前面的项目可知机械抓手是由电磁阀控制，即由机器人的 do0 输出控制。此项目在原有的基础上多了真空吸盘，真空吸盘的控制方法与其他汽缸一样，都是通过电磁阀（真空用真空电磁阀）控制。

（2）I/O 输入信号读取

此项目中读码器所读的信息内容是通过 I/O 数字量信号进行传输的，用户可通过 I/O 输入值的变化来进行判断。

（3）注意事项

①在抓取吸盘工具时，一定要慢速操作，并且调整到合适的姿态，以避免被气管干扰。

②吸取工件时，至少延时 1 s。

③对工件进行读码操作时，应尽量接近读码器，在条件允许的情况下，可不放下工件进行读码。

④程序编写完成后，一定要以单步运行的方式完整地运行一遍程序，以保证安全。

四、任务实施

（一）建立 I/O 输入端

①建立输出信号 do0 和 do1。

a. do0：抓手动作（夹紧）。

b. do1：真空。

②建立输入信号 di0 ~ di3，如图 3-124 所示。

目前类型：   **Signal**

新增或从列表中选择一个进行编辑或删除。

🔎	DRV1SPEED	🔎	DRV1TEST1
🔎	DRV1TEST2	🔎	DRV1BRAKEOK
🔎	DRV1CHAIN1	🔎	DRV1CHAIN2
🔎	DRV1BRAKE	🔎	DRV1TESTE2
🐝	do0	🐝	do1
🐝	di0	🐝	di1
🐝	di2	🐝	di3

图 3-124　创建信号 do0 和 do1

（二）程序编写

（1）建立 main 程序和子程序

建立 main 程序和子程序如图 3-125 所示。

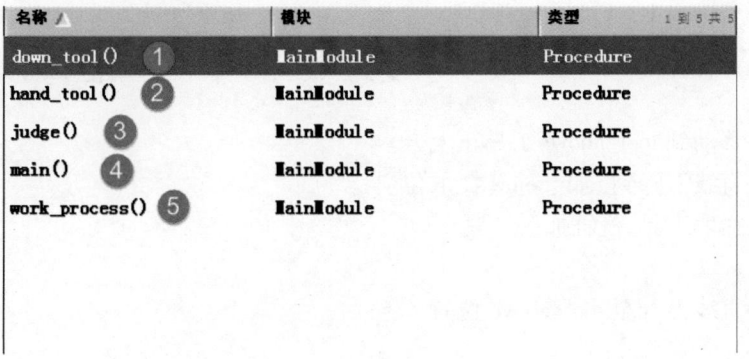

图 3-125　建立 main 程序和子程序

①放回工具子程序。

②抓取工具子程序。

③读码判断子程序。

④主程序。

⑤工作流程子程序。

（2）主程序调用

主程序调用如图 3-126 所示。

```
28   PROC main()
29 ① MoveAbsJ home\NoEOffs, v400, z50, tool0;
30 ② Reset do0;
31 ③ Reset do1;
32 ④ work_process;
33 ⑤ Stop;
34   ENDPROC
```

图 3-126　主程序 main

①伺服电机回原点（home 点）。

②复位抓手。

③复位真空吸盘。

④调用流程子程序。

⑤停止。

（3）hand_tool 工具抓取

hand_tool 工具抓取如图 3-127 所示。

```
37   PROC hand_tool()
38 ① MoveJ tool_above, v400, z30, tool0;
39 ② MoveL tool_below, v200, fine, tool0;
40 ③ Set do0;
41 ④ WaitTime 1;
42 ⑤ MoveJ tool_below, v200, z30, tool0;
43   ENDPROC
```

图 3-127　子程序 hand_tool

①机械手移动到 tool_above 工具正上方。

②机械手直线下降到 tool_below 抓取位。

③机械手抓取工具，汽缸抓手夹紧。

④等待 1 s。

⑤机械手直线上升至 tool_above 位置。

（4）down_tool 工具放回

down_tool 工具放回程序如图 3-128 所示。

此子程序与 hand_tool 大致相同，不同之处为③，这里是复位汽缸，即气动抓手松开。

```
44    PROC down_tool()
45  ① MoveJ tool_above, v400, z30, tool0;
46  ② MoveL tool_below, v200, fine, tool0;
47  ③ Reset do0;
48  ④ WaitTime 1;
49  ⑤ MoveJ tool_below, v200, z30, tool0;
50    ENDPROC
```

图 3-128 子程序 down_tool

（5）judge 判断子程序

judge 判断子程序如图 3-129 所示。

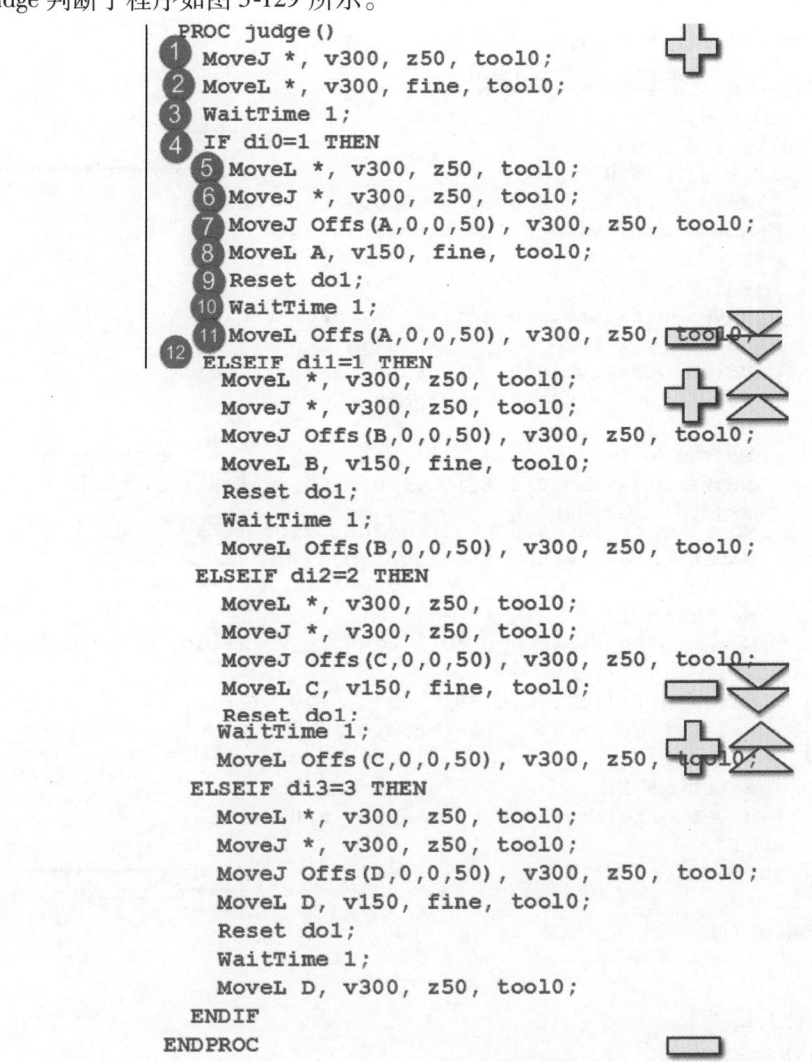

```
  PROC judge()
① MoveJ *, v300, z50, tool0;
② MoveL *, v300, fine, tool0;
③ WaitTime 1;
④ IF di0=1 THEN
⑤   MoveL *, v300, z50, tool0;
⑥   MoveJ *, v300, z50, tool0;
⑦   MoveJ Offs(A,0,0,50), v300, z50, tool0;
⑧   MoveL A, v150, fine, tool0;
⑨   Reset do1;
⑩   WaitTime 1;
⑪   MoveL Offs(A,0,0,50), v300, z50, tool0;
⑫ ELSEIF di1=1 THEN
      MoveL *, v300, z50, tool0;
      MoveJ *, v300, z50, tool0;
      MoveJ Offs(B,0,0,50), v300, z50, tool0;
      MoveL B, v150, fine, tool0;
      Reset do1;
      WaitTime 1;
      MoveL Offs(B,0,0,50), v300, z50, tool0;
   ELSEIF di2=2 THEN
      MoveL *, v300, z50, tool0;
      MoveJ *, v300, z50, tool0;
      MoveJ Offs(C,0,0,50), v300, z50, tool0;
      MoveL C, v150, fine, tool0;
      Reset do1;
      WaitTime 1;
      MoveL Offs(C,0,0,50), v300, z50, tool0;
   ELSEIF di3=3 THEN
      MoveL *, v300, z50, tool0;
      MoveJ *, v300, z50, tool0;
      MoveJ Offs(D,0,0,50), v300, z50, tool0;
      MoveL D, v150, fine, tool0;
      Reset do1;
      WaitTime 1;
      MoveL D, v300, z50, tool0;
   ENDIF
  ENDPROC
```

图 3-129 子程序 judge

①机器人移动到读码器正上方（示教距离读码器至少 100 mm 的点位）。

151

②机器人靠近读码器。

③延时 1 s。

④判断,如果读码器反馈的信号 di0 = 1,那么执行步骤⑤~⑪。

⑤机器人移动到读码器正上方,位置同 1。

⑥读码器到放料位之间的过渡点。

⑦机器人移动到 A 位置正上方 50mm 处。

⑧机器人直线到达 A 位置。

⑨复位真空电磁阀。

⑩延时 1 s。

⑪抬起手臂,移动到 A 位置正上方。

以下判断与第一个判断相似。

(6)work_process 顺控流程子程序

work_process 顺控流程子程序如图 3-130 所示。

```
60  ❶  hand_tool;
61  ❷  WHILE i < 5 DO
62     ❸  IF i = 1 THEN
63        ❹  MoveJ Offs(one,0,0,60), v300, z20, tool0;
64        ❺  MoveL one, v150, fine, tool0;
65        ❻  Set do1;
66        ❼  WaitTime 1;
67        ❽  MoveL Offs(one,0,0,60), v150, z20, tool0;
68        ELSEIF i = 2 THEN
69           MoveJ Offs(two,0,0,60), v300, z20, tool0;
70           MoveL two, v150, fine, tool0;
71           Set do1;
72           WaitTime 1;
73           MoveL Offs(two,0,0,60), v150, z20, tool0;
74        ELSEIF i = 3 THEN
75           MoveJ Offs(three,0,0,60), v300, z20, tool0;
76           MoveL three, v150, fine, tool0;
77           Set do1;
78           WaitTime 1;
79           MoveL Offs(three,0,0,60), v150, z20, tool0;
80        ELSEIF i = 4 THEN
81           MoveJ Offs(four,0,0,60), v300, z20, tool0;
82           MoveL four, v150, fine, tool0;
83           Set do1;
84           WaitTime 1;
85           MoveL Offs(four,0,0,60), v150, z20, tool0;
86        ENDIF
87     ❾  judge;
88     ❿  i := i + 1;
89     ENDWHILE
```

图 3-130 子程序 work_process

①机器人抓取工具。

②当 i<5 时执行循环。

③当 i=1 时,执行步骤④~⑧。

④机器人移动到第一个产品的正上方 60 mm 处。

⑤机器人直线下降,使吸盘与产品表面接触。

⑥置位真空电磁阀。

⑦延时 1 s。

⑧机器人抬起 60 mm。

后面 ELSEIF 与步骤③～⑧内容基本一致。

⑨当机器人执行完 1 次 IF 后调用判断子程序 judge,机器人会将产品吸到读码器上方进行读码,并且根据反馈内容将其放入相应的位置。

⑩放完一个产品后对 i 进行加 1 操作。

该项目只有 4 个产品,4 个工位,所以 i<5,即只循环 4 次。

五、思考与练习

1. 在给机器人操作程序编写时需要注意哪些问题?

2. 当机器人运行时出现卡死或提示报警,如何修改产品信息读取与分拣程序里的目标点?

3. 利用所学的知识或者相对位置移动坐标等优化程序结构。

参考文献

[1] 叶晖. 工业机器人实操与应用技巧[M]. 北京:机械工业出版社,2010.

[2] 蒋应斌,陈小艳. 工业机器人现场编程[M]. 北京:机械工业出版社,2014.

[3] 叶晖. 工业机器人经典应用案例精析[M]. 北京:机械工业出版社,2013.